関西
地学の旅⑪
Kansai Roadside Geology

自然環境研究オフィス 編著

洞窟めぐり

東方出版

はじめに

　最古の人類の化石は、約700万年前のもので、アフリカの洞窟でみつかっています。その後も各地の古い人類の化石はいずれも洞窟で見つかっています。私たちの祖先は何百万年もの長い間、洞窟での生活をしてきました。そして、ほんのわずか数万年くらい前から、やっと建物という住居での生活を送るようになりました。それまでの長い間、私たちの祖先は冬が暖かく、夏は涼しい洞窟の中で雨風や寒暖をしのいで、外敵からも身を守って生活してきました。

　私たちが何となく洞窟に魅力を感じるのは、ひょっとして、このような遠い過去の長い期間の洞窟生活の記憶がどこかに残っているのかもしれません。そのためか洞窟のような暗い閉鎖的な空間には恐怖心が伴いますが、それでも中に入ってみたいという気持ちはおさまりません。そして入ってみると意外と安心感が出てきます。

　近畿地方には鍾乳洞はないと思われがちですが、意外にも10か所以上あります。鍾乳洞は石灰岩地帯の地下で雨水や地下水が石灰岩を溶かすことによってできます。そのため石灰岩の岩体のあるところにできます。日本では秋吉台（山口県）、阿哲台（岡山県）、平尾台（福岡県）などの大規模な石灰岩体のあるところで、大きな鍾乳洞ができています。近畿地方にはこのような大きな石灰岩の岩体はありませんが、小規模なものがある

ため、その地下に鍾乳洞や石灰洞ができています。
　また、広い意味で洞窟は鍾乳洞に限らず、いろいろな洞窟があります。本書ではこれらの洞窟も取り上げました。自然の力によってできた洞窟として、海岸の崖にできる海食洞、溶岩の流れた後にできる溶岩洞、川岸の崖が侵食されてできる侵食洞などです。さらに人工的に掘られた洞窟で、安全に入洞が可能なものも取り上げました。鉱山の坑道や水路です。近畿地方の鉱山はすべて閉山していますが、その中でいくつかは観光洞として坑道の見学が可能です。

　このように私たちが洞窟に入るということは、地球に掘られた穴にもぐることで、地球の内部に入るという体験を得ることになります。地球の中心までは6400kmもありますが、ほんの少しの部分でも地球の中に入ることで、地球との一体感を持てるかもしれません。また、遠い過去の私たちの祖先が洞窟で生活していた時の感覚がよみがえるかもしれません。
　一度ぜひ、地球の中に入る体験をしてみませんか。

　　　　　　　　　　　　　自然環境研究オフィス代表　柴山元彦

● 目次

はじめに　1

兵庫　1　**淀の洞門**　＜海食洞＞　豊岡市竹野　5

　　　2　**玄武洞**　＜人工洞＞　豊岡市赤石　9

　　　3　**神鍋風穴・溶岩瘤**　＜溶岩洞＞　豊岡市日高町　13

　　　4　**シワガラの滝**　＜自然洞＞　新温泉町海上　17

　　　5　**明延鉱山坑道**　＜鉱山洞＞　養父市大屋町　21

　　　6　**生野銀山坑道**　＜鉱山洞＞　朝来市生野町　24

　　　7　**多田銀山（青木間歩）**　＜鉱山洞＞

　　　　　　　　　　　　　　　　　　猪名川町銀山　28

　　　8　**志染の石室**（しじみ いわむろ）　＜自然洞＞　三木市志染町　31

　　　9　**湊川隧道**　＜人工洞＞　神戸市兵庫区　33

　　　10　**野島鍾乳洞**　＜鍾乳洞＞　淡路市野島　36

京都　11　**質志鍾乳洞**（しずし）　＜鍾乳洞＞　京丹波町質志　39

　　　12　**如意ヶ岳花こう岩洞窟**　＜人工洞＞

　　　　　　　　　　　　　　　　　　京都市左京区　42

大阪　13　**磐船神社岩窟めぐり**　＜自然石集合洞＞

　　　　　　　　　　　　　　　　　　交野市私市　45

奈良　14　**不動窟**　＜鍾乳洞＞　川上村柏木　49

　　　15　**洞川洞窟群**（どろがわ）

　　　　　（五大松鍾乳洞・蟷螂の岩屋・蝙蝠の岩屋・面不動鍾乳洞）　＜鍾乳洞＞　天川村洞川　52

和歌山　16　**小原洞窟**（こばら）　＜鉱山洞＞　かつらぎ町花園　56

3

	17	**戸津井鍾乳洞** ＜鍾乳洞＞ 由良町戸津井 59
	18	**円月島** ＜海食洞＞ 白浜町宮前 62
	19	**三段壁洞窟** ＜海食洞＞ 白浜町三段 65
	20	**忘帰洞** ＜海食洞＞ 那智勝浦町勝浦 68
滋賀	21	**西野放水路** ＜人工洞＞ 長浜市高月町 71
	22	**河内風穴** ＜鍾乳洞＞ 多賀町宮前 73
	23	**石山寺くぐり岩** ＜石灰洞＞ 大津市石山 76
三重	24	**半田の洞窟（磨洞温泉）** ＜人工洞＞ 津市半田 79
	25	**鷲嶺の水穴**(しゅうれい の みずあな) ＜鍾乳洞＞ 伊勢市矢持町 81
	26	**覆盆子洞**(ふぼんじどう) ＜鍾乳洞＞ 伊勢市矢持町 85
	27	**天岩戸（恵利原の水穴）** ＜鍾乳洞＞ 志摩市磯部町 88
岐阜	28	**関ヶ原鍾乳洞** ＜鍾乳洞＞ 関ヶ原町玉 91
福井	29	**旧玉川観音洞窟** ＜海食洞＞ 越前町玉川 94

洞窟とは 97

本書に掲載した洞窟 104

おわりに 105

兵庫　1

淀の洞門　<海食洞>

豊岡市竹野

　山陰海岸ジオパークに含まれる但馬海岸は、約1万年前の地殻変動でできた海岸で、山塊が直接海に落ち込んでいるため断崖絶壁が多く変化に富み、多くの海食崖や海食洞門がありスケールの大きい海岸美が特徴です。淀の洞門もそんな海食洞門の1つです。近くに同じ海食洞門で、崩壊途中の「はさかり岩」、清瀧洞門などがあります。これをカヌーで海上から見る体験ツアーもあります。但馬海岸には、洞門、洞窟がこの他にも50余りを数えます。特に香美町香住から浜坂町にかけての御火浦が有名です。

淀の洞門の遠景

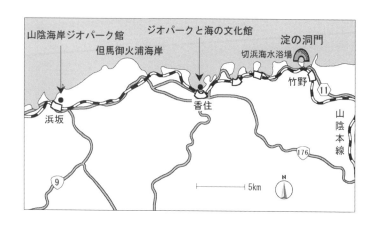

洞門は傍で見るとかなり大きい

淀の洞門は、幅約25m・高さ15m・奥行き40mの大きさです。切浜海水浴場のバス停から簡単に行ける唯一の洞門ではないかと思います。この淀の洞門は鬼が金棒で穴を開け山ごと移動しようとしたなどの伝説があるほか、案内板にこんな昔話が紹介されています。大昔、この洞門を住みかにしていた淀の大王を首領とする鬼の集団が日々悪さをして良民を苦しめていました。出雲に帰る途中、これを聞きつけたスサノオノミコトはこの洞門の向かいに船を止め激戦のうえ征伐したという伝説が記されています。現在でも、この洞門周辺には、この時のスサノオノミコトの行動を示す地名が残されています。

　バス停から歩いて10分程度の距離。車を自治会館に止めさせてもらえばすぐ側まで行けます。近くで見ますと意外と大きな洞窟でした。潮が満ちてくると波が打ち寄せ、その音が洞門内に響きます。そんな音が、昔の人には鬼が騒ぐ声に聞こえたのかもしれませんね。

公共交通：JR山陰本線竹野駅から豊岡市営バス竹野海岸線で切浜下車徒歩10分。便数が少ないです（竹野観光協会にはレンタサイクルがあります）。
車：舞鶴若狭道春日ICから北近畿豊岡道八鹿氷ノ山ICを経て国道312号線、県道3号線、県道9号線で竹野町へ。春日ICから約2時間。

＜立ち寄りスポット＞
＊但馬御火浦海岸（新温泉町三尾）

　香美町香住から浜坂町にかけての御火浦は、特に洞門、洞窟

が多いところです。洞口の高さ約8ｍ、幅約9.5m、奥行きが148mもある衣笠洞門は、奥行きの長さは但馬海岸の中で最長です。入口が孔雀が羽を広げたように見える孔雀洞門、洞門としては世界最大級で天然記念物に指定されている釣鐘洞門などがあります。どれも海上から見る洞門で、遊覧船から見る以外ありません。遊覧船は香住港と浜坂港から出ています。海上タクシーもあります。荒天時は運休しますのでご注意ください。

遊覧船料金：900円〜2000円、問い合わせ：香住観光協会 Tel.0796-36-1234

＊新温泉町山陰海岸ジオパーク館（新温泉町芦屋）

山陰ジオパークには、さまざまな見所があります。その知識を得るために是非とも立ち寄ってコースを決めてください。

同館は、山陰海岸ジオパークの成り立ちなどをパネル展示。山陰海岸の地層をわかりやすく解説した模型もあり、同海岸の特徴がわかりやすく説明されています。また日本や世界の岩石、化石、鉱物が展示されています。

入館無料／開館時間：9:00〜17:00／火曜休館（臨時休館あり）／Tel.0796-82-5222

＊香美町立ジオパークと海の文化館（香美町香住区境1113）

冬の味覚・松葉ガニの水揚げで有名な香住漁港にあり、海洋と人々の暮らしをテーマにした「海の文化」を学べる博物館です。

入館無料／開館時間：9:00〜17:00／水曜休館（祝祭日の場合は翌日）／Tel.0796-36-4671　　　　　　　　　　　（安部）

兵庫 2

玄武洞 ＜人工洞＞

豊岡市赤石

「玄武洞」に見られるような柱が集まった構造は、今から約160万年前の火山活動で、マグマが冷えて体積が小さくなることでできた節理（ある決まった方向に規則正しくできた割れ目）からなっています。6000年前の侵食作用でその姿を現しました。割れ目が顕著で切りやすかったために人々が石材として運び出し、やがていくつかの洞となっていきました。その石は大谿川や城崎の町の護岸や豊岡の石積、漬物石などに用いられました。現在は天然記念物に指定されているので、もち出すこと

青龍洞

はできません。

　「玄武洞」という名前が付けられたのは、江戸時代、儒教で幕府の教育をまとめた柴野栗山が、その神秘的な姿から古代中国の四神のうち、北を守る神「玄武」の名をとり、玄武洞と名付けたことによります。そして、明治17年（1884）、東京帝国大学の小藤文次郎博士が、英語でBasaltと呼ばれる火成岩の名前を、玄武洞にちなんで「玄武岩」と名付けました。さらに後に、その他小さな4つの洞は天の四方を守る神の名前にちなみ、「青龍洞」「白虎洞」「南朱雀洞」「北朱雀洞」の名が付けられました。

　青龍洞では、玄武洞公園の中で最も長い柱状節理が見られます。洞の高さは33m、幅40mあり、見上げると石柱が中央に向かって傾斜していて、15mに及ぶものもあります。竜が登る姿に似ていることから、その名が付けられました。

　白虎洞では、柱状節理はふつうは冷えながら下へと伸びていくのですが、ここでは横方向に並んでいるのを見ることができます。

　南朱雀洞では、小さいですがいろいろな形を見ることができ、放射状の節理が1か所に集まる様子が観察されます。また、溶岩の先端が古い地層に接しているところがありますが、急激に冷やされた溶岩が岩盤になっているところと、そこから2～3mの距離では柱状節理が発達して形成された様子を見ることができます。このあたりには火山灰や火山れきが見つかっており、このあたりの地形は火山活動によってできたと思われます。

　北朱雀洞は玄武洞の北の端にあり、羽を広げた鳥の優雅な姿

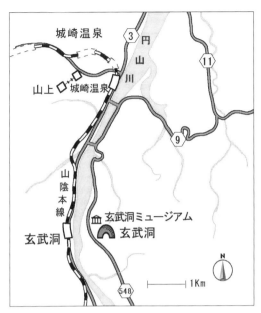

を思わせます。その優美さが、朱雀の名が付けられた由来でしょう。

　大正15年（1926）、京都大学の松山基範博士は玄武洞で、地磁気の逆転を発見しました。現在の磁石の針は北を向きますが、玄武洞の玄武岩ができた時に、現在の方角とは逆の方角を示していたことが記録されていました。博士は日本・朝鮮・中国などの岩石を調査し、玄武洞の岩石と同じような、磁針が、南を向くものがあることを発見し、地球の磁気は逆転することを世界ではじめて明らかにしました。

公共交通：JR玄武洞駅下車、渡し船で3分、片道300円（天候等により欠航があるので、Tel.0796-23-3821まで確認を）。JR城崎

温泉駅からタクシーで約8分。7・8月は夢但馬周遊バス「たじまわる」がある。そのほかの時期は、JR城崎温泉駅から全但バスが出ている。

車：国道178号の豊岡大橋東の交差点で北に曲がり、県道548号で約3km行ったところ（駐車場あり）。

＜立ち寄りスポット＞

＊玄武洞ミュージアム（玄武洞公園内：大人600円、子供300円／開館時間：9:00～17:00）

　「世界の石の花・華の博物館」で、玄武洞公園の入口の建物の2階にあります。玄武洞の成り立ち、山陰海岸や但馬地域の5億年の歩みなどを解説しているコーナーや、鉱物や化石を中心に、アマゾナイト・孔雀石などの「宝石・輝石コーナー」、砂漠のバラや黄鉄鉱などの「奇石・鉱物」コーナー、シーラカンスなどの「化石コーナー」の展示があります。

＊香住海岸ジオパーク

　遊覧船「かすみ丸」が通年1日7便出ています。ただし、天候や乗客の数にもよるので、予約してから行かれるのがお薦め。30分コース、1時間コース、1時間30分コースがあります（Tel.0796-36-0571）。URL: http://www2.ocn.ne.jp/～sansimai

（別府）

兵庫　3

神鍋風穴・溶岩瘤　<溶岩洞>

豊岡市日高町栗栖野・稲葉川

　スキー場で有名な豊岡市日高町の神鍋高原。高原付近には火山でできた小山がいくつかあります。その主峰が神鍋山。約2万1000年前以降に噴火した近畿地方では最も新しい火山です。道の駅「神鍋高原」のすぐ側にあり、標高469mの山頂には円形のすり鉢状の火口があります。道の駅からは120mの高さですので短時間で登れます。火口の周辺は散策できるようになっています。

　この火山は小規模ではありますが、火山としての一通りのものを備えており、それが興味ある風景を形作っています。すなわち火口、火口瀬、風穴、さらに15kmにわたって流出した溶

神鍋風穴

稲葉川の栃本の溶岩瘤

岩流などです。この溶岩は玄武岩でサラサラと流れやすく、稲葉川(いなばがわ)に沿って円山川の国府地区まで流れたことが見られます。

　今回、紹介するのは神鍋山麓の風穴(溶岩洞穴)と稲葉川の溶岩瘤(こぶ)です。風穴は栗栖野の道の駅「神鍋高原」を道なりに少し香美町方向に行ったところにあります。他に4、5か所あるとのことですが、案内されているのはこの風穴のみです。中には入れませんが、奥行き約6m、幅約6m、高さ約8mの大きさです。溶岩の外側が冷え固まり、中の溶岩やガスが流れ出た跡といわれています。内部は年間平均気温が8℃で、昭和20年(1945)ごろ、種子の貯蔵庫として利用されていたようです。

　神鍋山の溶岩流は川の水流に削られ、変化に富んだ独特の景観を作り出しています。川のあちこちに、スプーンで削ったような甌穴(おうけつ)(水流によって削られた穴)が2つ重なった「瓢箪淵(ひょうたんぶち)」、水路状に削られて橋の欄干のようになった「ランカン淵」、2

段の溶岩が重なった「二段滝」などがあります。栃本地区には「溶岩瘤」や「甌穴」などの兵庫県指定の天然記念物があります。

　栃本地区の「溶岩瘤」は、案内板によりますと、溶岩の流れが3枚重ねになっており、溶岩の一部が馬の背状にもち上がり、長方形の瘤を作り、その下に洞窟ができています。一見、溶岩トンネルのように見えますが、溶岩の下部を見ると、極めて多孔質で、表面はこれに反して緻密です。これらのことを考慮してみると、稲葉川に沿って流れた溶岩流の一部に、水が混入し、ガスの膨張によってもち上がったものと考えられる、と書かれていました。

公共交通：JR山陰本線江原駅下車、風穴は全但バス栗栖野下車。溶岩瘤は栃本下車。
車：北近畿豊岡自動車道八鹿氷ノ山ICから国道312号線で豊岡・城崎方面へ。日高町で国道482号線へ。約20分で神鍋高原に。高原への途中に栃本地区。

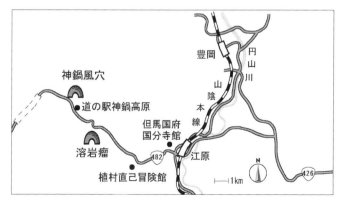

問い合わせ：日高神鍋観光協会　Tel.0796-45-0800

＜立ち寄りスポット＞

＊**但馬国府・国分寺館**（豊岡市日高町祢布808）

　豊岡市日高町は、神鍋山の麓に縄文時代前期の住居跡があり、また奈良・天平時代には但馬の役所であった国府庁跡や天平13年（741）に聖武天皇の詔勅によって建立された国分寺や国分尼寺跡があるなど、但馬の中心として栄えてきたところです。

　但馬国府・国分寺館は、そうした但馬に眠る遺跡の紹介、発掘された遺物などを展示し、郷土の歴史の情報発信などの活動を行う博物館です。建物はユニークな概観で、興味がそそられる建物です。

　入館料：大人500円、高校生200円、小中学生150円／開館時間：9:00～17:00／水曜休館（祝日の場合は翌日）／Tel.0796-42-6111

＊**植村直己冒険館**（豊岡市日高町伊府785）

　世界を旅した冒険家・植村直己さんの冒険館。世界五大陸の最高峰を制覇した登山家で北極点単独到達をし、国民栄誉賞を受賞した植村直己さんは豊岡市の出身。冒険に使った道具や冒険の様子が展示されています。

　入館料：大人500円、高校生200円、小中学生150円／開館時間：9:00～17:00／水曜休館（祝日の場合は翌日）／Tel.0796-44-1515

（安部）

兵庫 4

シワガラの滝 <自然洞>

新温泉町海上

　新温泉町の上山高原へ。海上(うみがみ)という珍しい名のバス停を通りしばらく走ると県の名勝に指定されている小又川渓谷へ下る道があります。シワガラの滝まで約1200mとさほどの距離ではないですが、案内板に難所ありとの注意書きがありました。谷への道中は注意書きどおり鎖場、ロープにつかまっての下りが数か所あります。しかも雨上がりの道で何度も滑りました。久方ぶりの山道なので結構こたえました。谷に下りて洞窟が見えましたが、洞窟まで川を2度ほど渡り、最後は3mほどの急な岩場をロープにつかまり登れば、やっと洞窟の入口に到着し

シワガラの滝の洞窟入口

シワガラの滝

ます。洞窟の中へは川の中を歩きます。

　洞窟の広さは約20m²。滝の落差は約10m。洞窟の中で滝を見た途端、疲れが吹き飛ぶ思いでした。滝の流れ口の鮮やかなコケの緑、垣間見える青空、そして新緑と、そのコントラストはいうに及ばず、洞窟の中で見る滝はとても神秘的でした。その昔、女人禁制で修験者が修行した聖域だったようです。納得いく雰囲気でした。

　滝に行かれる場合、洞窟までは川を渡りますので、滑り止めの付いたひざまでの長靴が必要です。そして洞窟の中は天井から雫がかなり落ちてきます。カメラをぬらさないようにビニール傘の携行をお勧めします。

　このあたりの地形は、地名に「海上」とあるように、ここに海があったと伝えられているところです。今から500万年前か

ら300万年前、但馬地域では火山活動が活発となりました。この火山活動に伴って、新温泉町付近に古照来湖と呼ばれる湖ができました。その後も扇ノ山などの火山活動が断続的に行われ、また山の大崩壊があり、湖は火山灰や泥などが堆積し照来層群と呼ばれる地層ができました。

　この小又川渓谷には、そうした火山灰の堆積、地層の崩壊を裏付ける地層が露出しており、昆虫や植物の化石が産出しています。特に昆虫化石は全国的にも珍しく、現在の私たちが日常に見る昆虫が、ほとんど原型のまま化石となっています。

　また、地域一帯の地質の特異性から珍しい形状をした滝が数多く見られ、このシワガラの滝もその1つです。付近には「桂の滝」「布滝」などがあります。さらに岸田川に沿って行きますと霧ヶ滝渓谷があり、ここには霧ヶ滝や赤滝があります。なかでも霧ヶ滝は、一度は見たいと人気のある滝です。標高750mに位置する高さ約60mの滝で、途中の岩に水流が当たり霧状になるところからこの名が付きました。したがって滝壺はありません。風に舞って優雅に落ちる霧が「天女の羽衣」のように見えます。

車：中国自動車道福崎ICから播但連絡道路の和田山で北近畿豊岡道へ。八鹿氷ノ山ICから国道9号線に。千谷で左折したところにおもしろ昆虫化石館あり。さらに県道262号を南下（駐車場あり4台程度）。
問い合わせ：上山高原エコミュージアム Tel.0796-99-4600

＜立ち寄りスポット＞

＊おもしろ昆虫化石館
（新温泉町千谷850、Tel.0796-93-0888）

　海上地区で見つかった昆虫化石などが展示されています。地元の八田コミュニティーセンター内にあり、係りの方が常駐されています。各渓谷のルートを紹介したガイドマップもありますので、最初に寄って情報を得ていくことをお勧めします。

　入館料：大人100円、小人50円／開館時間：9:00〜17:00／月曜日休館（祝日の場合は翌日）

＊上山高原エコミュージアム（新温泉町石橋757-1）

　上山高原や周辺の地域を丸ごと学習の場とした体験プログラムなどを推進しているNPO法人です。シワガラの滝など四季折々の体験プログラムがあり、これらを利用しますと化石やこの地域の特徴が学べて便利です。

　入館無料／開館時間：9:00〜17:00／毎週火曜日休館

（安部）

明延鉱山坑道 ＜鉱山洞＞

養父市大屋町

日本一のスズの鉱山として栄えた明延鉱山は、約1300年前の天平時代に鉱石が掘り出され始めたといわれています。奈良東大寺の大仏の鋳造にもここから産出した銅が使われました。明治42年（1909）以後はスズの鉱山として発展し、坑道の総延長は東京―大阪間に匹敵します。また鉱山付近は狭い谷間であるため、選鉱場は山を越えた朝来町神子畑に作られ、その間約6kmを1円電車（鉱山鉄道）が鉱石や地元の人たちを乗せて往復していました。主な採掘金属は銅、亜鉛、スズでしたが、金属価格の下落などで昭和62年（1987）に閉山しました。しかし大量の有望な鉱脈は残ったままになりました。

その後坑道の一部を探検坑道として青少年の学習施設にし、近代鉱山の貴重な産業遺産として見学できるように整備されました。

見学坑道の総延長は650mもあり、閉山当時の状態をほぼそのまま保存してあることでもたいへん珍し

見学坑道の入口

レールが残っているが洞内は歩きやすいように道が整備されている

い貴重な体験施設です。坑道の床面には鉱山鉄道のレールが残り、坑車、削岩機などの鉱山機械も見ることができ、当時の様子を思い浮かべることができます。

洞内は気温が年間通じて約15℃で、夏に入ると寒いくらいの気持ちがいい見学環境です。依頼すれば見学時に説明者を付けていただけます。見学ルートは坑道をめぐり、出口は入口と異なるところに出てきます。

明延鉱山周辺の地質は約2億5000万年前の砂岩や泥岩などでできていますが、その堆積岩の割れ目に約6000万年前にマグマからの熱水が貫入し、金属鉱物が形成され鉱脈となったものが明延鉱山の鉱石です。

公共交通：JR 山陰本線八鹿駅より全但バス大屋・明延行きに乗車、明延で下車。
車：播但連絡道和田山 IC から北近畿豊岡自動車道養父 IC を

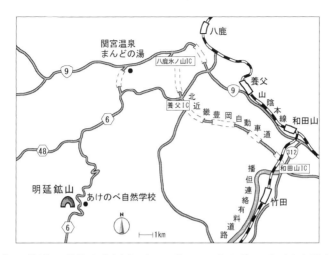

経て県道6号線を大屋方面へ。養父ICから約35分(駐車場あり)。

料金:大人・高校生1200円、小中学生600円／営業時間:8:30～17:15(予約が必要)／定休日:土・日・祝日・年末年始、大雨、大雪時／問い合わせ:あけのべ自然学校(養父市大屋町明延1184) Tel.079-668-0258

＜立ち寄りスポット＞

＊関宮温泉まんどの湯(養父市三宅821、Tel.079-663-5556)

　泉質はナトリウム‐塩化物低温泉で神経痛、筋肉痛、関節炎などに効くとのこと。またアトピー性皮膚炎の症状が緩和したとの言い伝えもあります。農作物直売所も併設されています。

　大人(中学生以上)800円、子供400円／定休日は毎週火曜と金曜、1月1日　　　　　　　　　　　　　　　　　(柴山)

兵庫　6

生野銀山坑道　<鉱山洞>

朝来市生野町

　生野銀山は兵庫県のほぼ真ん中に位置しています。大変歴史の古い鉱山で、銀が大同2年（807）にみつかり、本格的な採掘は室町時代になってからです。その豊富な銀は、織田信長、豊臣秀吉や徳川家康が直轄地とし、徳川幕府の財政源となりました。明治時代に官営鉱山となり、鉱山の近代化のためフランス人技師が招聘されました。その後、民間に払い下げられ、昭和48年（1973）に閉山となりました。

　現在は、この坑道が整備され、江戸時代の坑道と現代の坑道

坑道の入口（現代様式）

の両方を見て歩くことができます。坑道の総全長は350kmもあり、その様子は鉱山資料館で見ることができます。一般に公開されている坑道は、このうちの1000mですが、それでも見学に40分ほどかかります。

　坑道の中では人形などを使ってわかりやすい展示がされていますが、先にこの資料館の模型などで知識を得てから坑道に入るとより理解しやすいと思います。ガイドさん（ボランティア）がおられれば説明もしてくださいます。年間を通して坑内の気温は13℃ですので、夏でも長袖を持っていかれた方がいいでしょう。

　坑道外にも露天掘りの跡が残されており見学することができます。

坑道出口（江戸時代の様式）

昔の採掘方法がわかりやすく展示されている

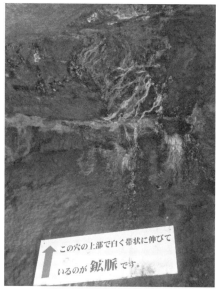

白い部分が鉱脈

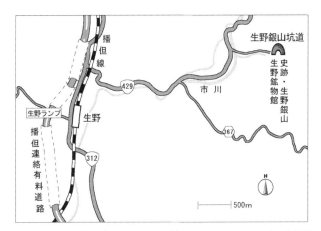

公共交通：JR播但線生野駅から神姫グリーンバス生野銀山口下車、徒歩10分。

車：播但連絡道路生野ランプまたは生野北第1ランプから車で10分（駐車場あり）。

料金：大人900円、中高生600円、小学生400円／営業時間9:00～17:30（12～3月は：9:30～、11・3月は～17:00、12～2月は～16:30）／問い合わせ：シルバー生野 Tel.079-679-2010

＜立ち寄りスポット＞

＊生野銀山文化ミュージアム（生野銀山内）

　生野銀山の歴史のほか、生野鉱山で採取された鉱物標本、全国から集められた大型鉱物標本を多数見ることができます（入館料100円）。体験コーナー（生野銀山レストハウス内）では金・銀・スズのすくい採り体験（30分700円、天然石のすくい採り体験15分500円）ができます。　　　　　　　　　　　　　（是恒）

多田銀山（青木間歩）　＜鉱山洞＞

猪名川町銀山

　多田銀銅山は、兵庫県の猪名川町を中心とした、川西市、宝塚市、大阪府の池田市、箕面市、豊能町、能勢町にまたがる、東西20km、南北25kmにも及ぶ広大な鉱床地帯です。その中でも特に品位が高い銀を豊富に産出した地域が、川辺郡猪名川町の銀山です。現在、多田銀山といえば、この猪名川町の銀山一帯のことを指します。

　多田銀山の歴史は古く、天平時代に霊夢によって発見され、採掘された銅が奈良東大寺の大仏建立に使われたという話や、平安時代に多田源氏の祖である源満仲が銀山川で鉱石を発見して鉱山を開発した等の伝承があるそうです。

青木間歩の入口

　時代は進み、その時々の権力者の下で銀銅が盛んに採掘され続け、豊臣政権の重要な財源となっていた天正～慶長年間に大盛況となり、徳川時代の寛文年間には最盛期を迎えます。産出量は当時世界トップクラスを誇

り、人家も増え、「銀山三千軒」といわれるほどの賑わいをみせました。

その後、移り変わる時代の中で、銀銅を産出し続けた多田

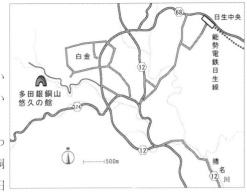

銀山は、やがて鉱量の枯渇によってついに昭和44年（1969）に閉山、約千年という長い歴史に幕をおろしました。

今では往時の隆盛の影はなく、人家が十数軒残っているだけの、静かな山あいの町ですが、当時の人々の生活や息遣いを感じることのできる遺跡が点在しています。

あたりの山中には今も多くの「間歩」といわれる坑口が数多く残っており、秀吉が乗馬したまま入ったと伝わる「瓢箪間歩」、大坂城の台所（財政）を賄うほどの産出があった「台所間歩」、処刑された罪人が投げ込まれたといわれる「死罪人間歩」など、それぞれに当時を偲ばせる名前が付けられています。

間歩は立ち入ることはできませんが、唯一「青木間歩」のみ入場して内部を見学することができます。昭和38年（1963）に開鉱され、周辺にアオキが密生していたことから青木間歩と名付けられたそうです。内部は良く整備されており、照明も設置されていて年配のかたや子供でも安心して見学が可能です。全長は52m、奥で二またに分かれていて、その先は落盤により塞がれていますが、天井の一部には白い石英脈が走り、銀が含まれている黒色の部分と銅由来の青い色の部分を観察することが

できます。

　青木間歩のすぐ上には昔の人が手掘りしたノミの跡が今も残っていますし、目の前を流れる銀山川の河原や周辺に残るズリ山には今でも、金色に光る黄銅鉱や、青や緑の銅由来の鉱物を見ることができます。多田銀山の鉱脈は約6500万年前のマグマの活動でできた流紋岩に高温の熱水が入りこんで、各種の鉱物をつくり出してできたものです。

　多田銀山には豊臣家の埋蔵金伝説も残されています。現代の価値にして200兆円という莫大な資金が隠されているというのですが、さて……。鉱山にはいつもロマンとミステリーが付き物ですね。

公共交通：能勢電鉄日生中央駅下車、阪急バス川西能勢口方面ゆき白金2丁目または銀山口下車、徒歩20分。
車：県道12号を広根大水の交差点で西に曲がり、約2kmいったところ。

＜立ち寄りスポット＞
＊多田銀銅山悠久の館
　平成19年（2007）にできた資料館です。多田銀山に関する古文書や絵図、銀山で使われた鉱山道具や鉱石等を展示しています。希望すれば、観光ボランティアの丁寧な説明もうけることができます。銀山遺跡を見学しながらの散策コースのスタート地点として、是非立ち寄ってみてください。

　入館無料／開館時間：9:00〜17:00／月曜休館（月曜日が休日の場合はその翌日）／Tel.072-766-4800　　　　　　　（藤原）

兵庫　8

志染の石室(しじみ いわむろ) ＜自然洞＞

三木市志染町

　三木市御坂の交差点から志染川を渡り南へ戻り、細い旧道に入ると「窟屋(いわや)の金水（志染の石室）」の道標があります。それに従って少し行くと駐車場があり、そこから徒歩で数分のところにあります。崖の下が広くえぐられていて、そこに湧き水がたまっていますので、「石室」という名前が付いていますが、中に入ることはできません。湧水は飲むことはできません。

　志染の石室は、『日本書紀』によると、飛鳥時代、2人の皇子（第23代顕宗天皇と第24代仁賢天皇）が幼い頃、政変の難を逃れ、この洞窟に隠れ住んだとされています。おそらく当時は水がたまっていなかったのでしょう。約1500万年前の湖底に堆積

志染の石室

窟屋の金水

した神戸層群と呼ばれる地層の中でれき岩の地層が湧き水で侵食されてできた洞窟で高さ2.7m、幅14.5m、奥行き7.2mの横長の穴です。

　この湧水は、春、その中に生息しているひかり藻に太陽光が当たると反射し金色に輝く現象を起こすことから、「窟屋の金水」と呼ばれてきました。現在は、金水現象は稀にしか見ることができないようですが、三木市観光課によると「2014年は見ることができなかったが、それ以前は見られていたとのこと。時期は菜の花の咲く頃」だそうです。

車：山陽自動車道三木東ICから車で5分（駐車場あり）。
料金無料／年中無休／問い合わせ：三木市商工観光課
Tel.0794-82-2000　　　　　　　　　　　　　　（是恒）

兵庫　9

湊川隧道　<人工洞>

神戸市兵庫区

　神戸市兵庫区の会下山の麓にレンガ造りのいかにも時代を経た感じのする湊川隧道の上流部分の入口があります。この隧道で毎月、「湊川隧道保存友の会」の方々のご努力で、第3土曜日午後1時半からミニコンサートが開かれているのです。隧道の中で聞く演奏はどんなものだろうと期待して入りました。中はひんやりとした空気です。100mほど入ったところが演奏会場。電球の灯りが落ち着いた雰囲気にさせます。演奏が始まりました。この日はOAKトリオによるクラリネットとファゴットのアンサンブル。レンガ造りのレトロな雰囲気とやわらかい楽器の音色が耳に心地よく響き、幻想的なひと時を楽しむことができました。大満足の演奏会でした。

　創設当時の湊川隧道は、約600mの長さ（保存区間は約350m）。標高85mの会下山をくり抜き、わが国最初の近代河川トンネルとして明治34年（1901）8月に竣工しました。その後、新湊川改修事業により平成12年（2000）に新湊川トンネルが完成したことに伴い、湊川隧道（会下山トンネル）は河川トンネルとしての役目を終え

湊川隧道の入口

隧道内でのミニコンサート

ました。しかし、構築後100年になる湊川隧道は当時の高度な土木技術で造られた貴重な土木遺産として、市民の方々の努力により保存が決定し、現在は保存友の会の方々が、演奏会や見学会を実施されています。

　紹介文によりますと、同隧道は、馬蹄形の断面形状をしており、幅7.3m、高さ7.7m。創設当時は世界最大級の規模を有していました。トンネルは天井のほうから掘り下げられ、しかも、当時はツルハシやノミ等で手掘り作業で行われたと思われます。現在でも地下水位が高いことから、湧水などの排水や切羽の安定には苦労したものと思われます。

　トンネルは、全てレンガで造られており、底の部分は、流れる水や土砂が川底を洗い流したり削られるのを防ぐために、3、4段に積まれたレンガの上に、さらに花こう岩が敷き詰められています。このように湊川隧道は、構造や材料などにさまざまな工夫が施されています。あの阪神・淡路大震災にも耐えたほど頑丈なつくりとなっています。

公共交通：JR三ノ宮駅から神戸市営地下鉄西神山手線に乗り換えて湊川公園駅下車、北へ5分で湊川の熊野橋に。川沿いを西に3分ほど（駐車場、トイレなし）。

ミニコンサートは毎月第3土曜日13:00〜15:00（入場無料）。

ミニコンサート、見学会については「湊川隧道保存友の会」のホームページをご覧ください。

<立ち寄りスポット>

＊阪神・淡路大震災記念人と防災未来センター（神戸市中央区脇浜海岸通1-5-2）

人と防災未来センターは阪神・淡路大震災の経験と教訓を後世に継承し、国内外の災害の被害の軽減に貢献するために建てられた施設です。特撮とCGで大震災の瞬間を再現するコーナーでは、大型映像と音響で地震のすさまじさを体感することができます。東館の「水と減災について学ぶフロア」では、風水害の脅威を映像で見ることができるなど防災・減災に関するさまざまな情報を学ぶことができます。

JR灘駅から徒歩12分、阪神岩屋駅から徒歩10分／入館料：大人600円、大学生450円、高校生300円、小中学生無料／営業時間：9:30〜17:30（7〜9月は〜18:00、金土曜は〜19:00）／月曜定休（祝日の場合は翌日）／Tel.078-262-5050　　（安部）

野島鍾乳洞 ＜鍾乳洞＞

淡路市野島

　野島鍾乳洞は兵庫県の天然記念物に指定されており、県内で唯一見つかっている天然の鍾乳洞です。淡路市北部の山あいにひっそりと位置しています。規模は小さく、観光用に整備されているわけでもないので、知名度はそれほど高くはないようです。

　付近には公共交通機関がありませんので、鍾乳洞へ向かうには自家用車で行かれることをお勧めします。神戸淡路鳴門自動車道の淡路 IC が最寄りの IC になります。IC 出口の信号で真ん中の直進車線に入り、まっすぐ県道157号線を進みます。県道を 6 km ほど進むと大きな三叉路にあたり、そこで右折します。交差点には「淡路景観陶芸学校」へは右折という案内看板があります。右折後200m ほど進むと左側に野島鍾乳洞の看板がありますので左折してください。間もなく野島浄水場が見えてきます。鍾乳洞はカーブしているスロープを進んだつきあたりにあります。

　鍾乳洞入口付近まで行くと、まず鍾乳洞について説明している看板が目につきます。鍾乳洞の入口

野島鍾乳洞の入口（看板の右斜面下）

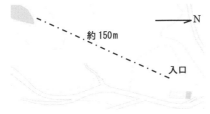

鍾乳洞のおよその方向

は看板に向かって右斜面の下にあります。入口付近は定期的に草刈がされているようですが、季節によれば草が深く生い茂り近づくことが困難な状況になっています。比較的草の少ない冬場に訪れるのがよいかもしれません。

　鍾乳洞入口付近はすり鉢状の地形（ドリーネ）になっています。ドリーネの底が中へと続く入口になっているのですが、非常に狭く中に入るのはやや困難です。

　鍾乳洞の長さは約150mであり、高さは平均で約1m、高いところで5mほどあります。洞内には鍾乳石や石筍があり、足元には水が流れています。鍾乳洞を抜けると目の前には池が広がります。

　この鍾乳洞がある付近の地質は神戸層群と呼ばれています。地層が形成された時代は、かつては約2000万年前の新第三紀中新世といわれていましたが、近年の研究により約3500万年前の古第三紀始新世と訂正されています。貝殻化石が密集する石灰岩層が地下水に侵食されて鍾乳洞ができました。付近には前述したドリーネが存在し、隣接する野島浄水場もちょうどドリーネの上に建

鍾乳洞付近の水路に見られる貝殻化石を含む転石

野島鍾乳洞　＜鍾乳洞＞　37

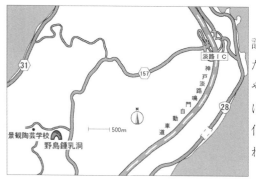

設されています。また鍾乳洞入口の岩石や水路の転石には主にカキからなる貝殻化石がたくさん見られます。

公共交通：三宮・舞子より淡路島方面への高速バスに乗り淡路ICで下車、徒歩1時間半。

車：神戸淡路鳴門自動車道淡路ICから10分（駐車場若干あり）。

注意事項：季節により草が生い茂る。

問い合わせ：兵庫県教育委員会 Tel.078-341-7711／（同）文化財課 Tel.078-362-3783

＜立ち寄りスポット＞

＊野島断層保存館（淡路市小倉、北淡震災記念公園内、Tel.0799-82-3020）

　平成7年（1995）兵庫県南部地震（阪神・淡路大震災）のときに地表に現れた野島断層を当時のまま保存・展示しています。

入館料：大人700円、中高校生300円、小学生250円

＊絵島（淡路市岩屋）

　淡路島北端の岩屋港南の国道沿いにある島で徒歩専用の橋で繋がっています。島は綺麗な砂岩層から形成されており、さまざまな貝殻化石やノジュール（団塊）を見ることができます。入場料はなく自由に見学できます。　　　　　　　　　　（遠藤）

質志鍾乳洞 <鍾乳洞>
(しずし)

京丹波町質志

　質志鍾乳洞は綾部街道と呼ばれる173号線沿いにある大崩谷の南斜面中腹に入口があります。この鍾乳洞は昭和2年（1927）に発見され、京都府では唯一の鍾乳洞です。府の天然記念物に指定されています。

　鍾乳洞は総延長約52.5m、珍しく竪穴で、4層からできており、広いところは高さが8mもあります。洞内は1年を通して12〜15℃の気温です。

　ここの石灰岩は厚さが200mもあり規模の大きなものです。約2億5000万年前に赤道付近でできたサンゴ礁がプレートにのってやってきて石灰岩になったものです。その後、地殻変動などで地表にあらわれ、風雨や空気などによる風化作用によっ

管理棟から約40m登ったところの質志鍾乳洞の入口

3層から垂直洞を見上げる

て、部分的に石灰岩が溶かされたりして鍾乳洞ができ、その中に石旬や鍾乳石ができました。ちなみに鍾乳石が1cm長くなるのに約70年、石筍が1cm高くなるのに約170年かかると言われています。

鍾乳洞公園の管理棟の手前、ちょうど谷川の合流するところに駐車場があります。白っぽい石ころが目につくでしょう。この石が石灰岩です。

これから入る鍾乳洞はこの石が地下水によって溶かされてできたものです。この石の中にはフズリナやウミユリなどの動物化石が入っていることがあります。この化石からここの石灰岩は約2億5000万年前に堆積したことがわかりました。

この質志はかつて173号線の榎峠の瑞穂トンネルが無い時代に峠の南西斜面で、大規模な石灰岩が採掘されていました。掘り出す石灰岩の中に、灰色の地に淡い紅色の模様のある石灰岩があり、花びんや灰皿などの工芸品に使われて、京錦と呼ばれ

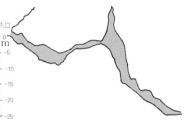

鍾乳洞の垂直方向の断面図

て人気がありました。管理棟に京錦の製品やウミユリなどの化石が展示されています。

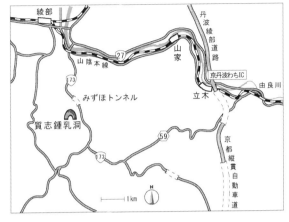

公共交通機関は時間がかかりますので、車をお勧めします。

車：①京都市内より京都縦貫道丹波IC～国道9号～国道173号経由で、約1時間。②舞鶴自動車道丹波篠山ICより、国道372号～国道173号経由で50分。駐車場：50台（無料）。

料金：大人520円、小人（3歳～小学生）300円／営業時間：10:00～16:00／定休日：4～11月は無休、12月・3月は土曜・日曜・祭日のみ開園、1～2月は休園、大雨の時は休園／問い合わせ：質志鍾乳洞公園 Tel.0771-86-1725

＜立ち寄りスポット＞

＊不老長寿の名水（京丹波町質志、質志鍾乳洞公園内）

　公園に入ってすぐ、道の右側に看板が立っています。「不老長寿の名水」です。石段を降りると石垣の下部から湧水が石仏の布袋さんの前を流れ出ています。試飲すると美味しく、長寿の薬効があるので採水にくる人が多いといわれています。

（平岡）

京都 12

如意ヶ岳花こう岩洞窟 <人工洞>

京都市左京区

比叡平のバスの終点で降りて、皇子山ゴルフ場に向って進みます。東側の道を約600m進むと送電線の手前の山側に大きな洞窟があります。この洞窟の入口の横幅は約7m、高さ約6mで奥行きは約12mです。道路より約1mも高く、洞内に入ると少し低くなっています。これによって、洞内に水が入らないように工夫されています。

この辺りの花こう岩は白川花こう岩と呼ばれ、約8000万年前のマグマが冷え固まってできたものです。この洞窟の入口壁面にはタマネギの断面のような同心円状の割れ目（節理）が見ら

石材の採掘跡の入口

花こう岩洞窟の内部

れます。花こう岩の風化の1つでこのような割れ方（タマネギ状構造）をする場合があります。風化を受けない中心の固い部分を石材として切り出していました。

　洞窟の壁面には、黒雲母や褐れん石の集まりが見られます。この褐れん石は日本で初めてこの白川花こう岩体から発見された放射性鉱物です。その場所はここから西北西に2.5kmのところです。大文字の火床の近くに、秀吉時代に石切り場としていた太閤岩から日本で初めての褐れん石が明治36年（1903）に京都大学の比企 忠 博士によって発見されました。この発見は、キュリー夫妻のラジウム発見（1898年）の直後で、放射性物質研究の先駆けとなって、当時大きな注目を浴びました。洞窟の奥の砂を採集して乾かして、白い紙の上で観察すると、次頁の写真のような柱状の褐れん石が見つかります。褐れん石はシャープペンシルの芯のような細い棒状の結晶で、黒色か風化

したものは黄褐色をしています。

公共機関：JR湖西線大津京駅で降りて、駅前から比叡平行きのバスで終点まで乗ります。花こう岩大洞窟を見て、バスで帰る方は、必ず時刻表を確かめてください。

長さ3〜4mmの棒状の褐れん石

<立ち寄りスポット>

＊慈照寺（銀閣寺）へ下山（約3.5km）

　来た道を戻り池ノ谷地蔵尊のほうに向かいます。最初は登りですが、大文字山（465.4m）を過ぎると下りです。このコースをいく場合は、必ず地形図を携帯してください。慈照寺の敷石に菫青石を見ることができます。

(平岡)

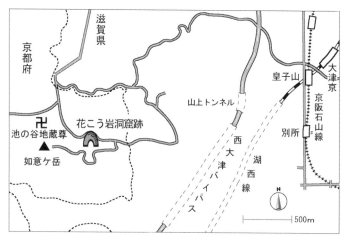

磐船神社岩窟めぐり　<自然石集合洞>

交野市私市

磐船神社は饒速日命(にぎはやひのみこと)が「天の磐船」に乗って天孫降臨をしたという伝説が残る神社です。古文書によれば、「河内国河上哮ヶ峯」とも呼ばれています。ご神体となっている「天の磐船」は高さ12m、幅12mもある巨石です。

この磐船神社があるあたりは磐船渓谷と呼ばれ、深い渓谷となっています。周辺一帯にある花こう岩はおよそ8000万年前に地下深くで、マグマが冷却しその後200万年くらい前から徐々に隆起をはじめ現在に至っています。奈良盆地北部を源として境内を流れる天野川が生駒山と交野山を結ぶ花こう岩の間を流れ、大阪平野に出るあたりで生駒断層を横切っており、断層活動により地盤が隆起するより速い速度で天野川が下方侵食した結果このような深い渓

岩窟内部の様子

磐船神社本殿と巨石

谷ができました。このような谷のことを先行谷といいます。

　周りの斜面崩壊や土石流などにより多くの巨石がこの辺りを埋め尽くし、風化作用によって丸くなった巨石が積み重なったと考えられます。それらの巨石が他の磐座に見られるように一部が地中に隠れるといったことはなく天野川の上に絶妙なバランスを保ちながら乗ったのではないかと考えられます。特にご神体の「天の磐船」は他の石と微妙なバランスを保ちながら境内を流れる天野川の上に覆いかぶさっています。巨石が他の岩の上に乗っているため、岩と岩の間に隙間が生じ、潜り抜けることができます。そのため、磐船神社の岩窟は古くから修行の場として人々に知られています。現在も神社社務所に申し込みをすることで岩窟めぐりを行うことができます。

　ご神体の横に岩窟めぐりの入口があり、そこから入っていく

ことになります。通路は場所によっては人一人がやっと通れるぐらいの小さな穴しかないところもあります。ところどころ、岩に白い矢印が書かれていますのでその指示に従って行けば出口に到着することができます。出口から山道を下っていくと社務所に到着します。また出口の上方には天の岩戸神社があります。

岩窟への階段

　岩窟めぐりをするにあたって、神社では次のような注意事項を掲げています。必ず事前に神社に連絡をして岩窟めぐりができる状態にあるかどうか確認をしたうえで神社に行くようにしてください。神社では岩窟めぐりについて以下のようにホームページで掲載しています。

1、行衣（しろたすき）着用の事（社務所で貸します）
2、滑りやすい靴はわらぞうりに履き替えます（同上）
3、年齢制限があります（10歳以上75歳未満の方入窟可）
4、飲酒後の入窟はできません
5、夜間、雨天時、増水時は拝観できません

公共交通：京阪交野線私市駅より京阪バスで20分（土日祝のみ）／近鉄生駒駅より奈良交通バスで20分。
車：京阪交野線私市駅から20分（駐車場あり）。
料金：大人500円（神社社務所に申し出ること）／拝観時間：9:00～16:00／問い合わせ：磐船神社 Tel.072-891-2125

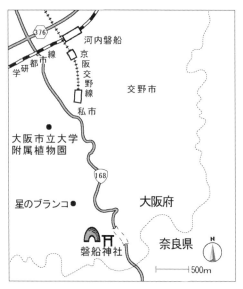

<立ち寄りスポット>

＊大阪市立大学理学部附属植物園

　府民の森ほしだ園よりさらに下流にあります。昭和25年 (1950) 開設以来数多くの植物の収集や保存をしてきています。特に日本産樹木の収集では特筆すべきものがあります。研究施設のためペットや植物の持ち込みができないなど、見学には注意が必要です。詳しくは植物園HPをご覧ください。

＊星田の町

　七曜星伝説など星にまつわる伝説や史跡がいろいろと残る場所です。岩窟めぐりの後散策するのもいいものです。　（芝川）

奈良 14

不動窟 ＜鍾乳洞＞

川上村柏木

県指定文化財天然記念物の不動窟は、喫茶店「ホラ！あな」から入ります。料金を払って店内をぬけると、130段ほどの長い階段を下ります。吉野川を見下ろす崖の中ほどに入口があり、洞内から冷たい空気が流れていました。鍾乳洞の中は平均気温13℃で、夏は涼しく冬は暖かく感じるそうです。

不動窟の入口は、間口10mで広いです。少し入ったところに第1窟と呼ばれる小ホールがあり、周壁の表面に侵食痕が見られます。そこから第2窟へ向かってトンネル状の下降通路が

不動窟入口

洞窟の内部

延びています。第1窟より少し狭い第2窟まで来ると、どこからともなく轟音がしてきます。右折して下って行きますと、天井の高い第3窟に入ります。正面には不動尊が安置されています。左手には轟音の正体である不動の滝が、まるでダムの放流のごとく勢いよく流れ、その凄まじい滝音には恐怖さえ感じます。この滝の水は長寿水と呼ばれていて、一口飲めば「健康で安らかな人生を送れる」と言われています。第3窟から出たら右に曲がり、「三途の川」と呼ばれる水流に沿って下ると、深そうな水の上にかけられた板を渡ります。小さくかがんで「胎内潜り」を鎖につかまりながら潜り抜ければ、第4窟（奥の院）に入ります。ここの周りの壁は、変化に富んだ鍾乳石で「龍のあぎと」と呼ばれ上り龍や下り龍がいるように見えます。

　ここで終点ですから、来た道を戻っていきます。

　この洞窟を作っている岩石は石灰岩です。この石灰岩は約3億年前に当時の太平洋の海底でフズリナやサンゴなどの石灰質の生物の遺骸がたまってできたものです。その後プレートの移動とともに当時のアジア大陸の海岸付近の海溝まで運ばれて、大陸の一部に付加されたものです。

公共交通：近鉄吉野線大和上市駅下車、大台方面行のバスで約1時間、不動窟下車。

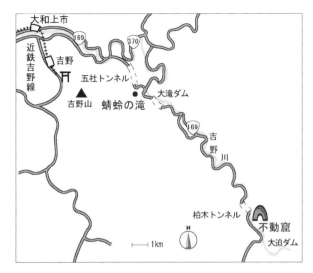

車：国道169号線を南下、柏木トンネルを抜けてすぐ（駐車場あり）。

料金：大人500円、子供300円／営業時間：9:00～17:00　（不定休）／問い合わせ：Tel.0746-54-0227（喫茶ホラ！あな）

＜立ち寄りスポット＞

＊**蜻蛉の滝**（川上村西河、あきつの小野スポーツ公園）

　五社トンネル手前を左折。あきつの小野公園を抜けて5分くらいに落差50mの蜻蛉の滝があります。

　雄略天皇を虻から救った蜻蛉伝説から命名されています。岩壁の黒さと水しぶきの対比が美しく、周囲はかなり整備されているので下から見上げたり、滝見台から覗き込んだりできて、色々な角度から楽しめます。

（榎木・富田・澤田）

奈良 15

洞川洞窟群 <鍾乳洞>
(どろがわ)

五代松鍾乳洞・蟷螂の岩屋・蝙蝠の岩屋・面不動鍾乳洞

天川村洞川

洞川地区は役行者（飛鳥時代〜奈良時代、修験道の開祖）が修行の場とした大峰山の登山口に開かれた宿場街です。

蟷螂の岩屋と蝙蝠の岩屋はともに洞川区の中心を流れる山上川沿いにあり、石灰岩が侵食されてできた洞窟です。役行者が水行の場として使用したといわれていますが、今も大峰山の一之行場とされています。洞窟の奥には本物のコウモリも生息しています。

五代松鍾乳洞、面不動鍾乳洞はともに昭和初期に発見されま

蟷螂の岩屋の入口

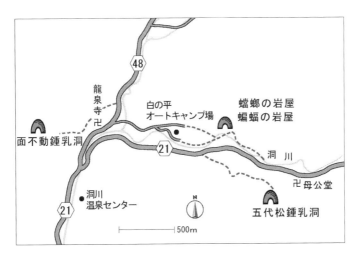

した。洞窟の規模はそれほど大きいものではありませんが、6000〜7000年の歳月をかけて成長した鍾乳石は、たいへん見応えがあります。

　洞川地区の入口が奈良交通バスのバス停になっています。そこからまっすぐ進むと左手に面不動鍾乳洞の入口があり、さらに進むと大峰山第一の水行場とされ、修験道の道場ともなっている龍泉寺があります。バス停から山上川にかかる橋を渡ってすぐ右手には洞川温泉センターがあり、左手には宿場町が続きます。道路に面した縁側に商品を並べ、客と会話を楽しみながら商売をするようすは修験道とともに発展した昔ながらの街並みを伝えています。

　この宿場町を通り過ぎたところに蟷螂の岩屋、蝙蝠の岩屋への降り口があります。吊り橋を渡った対岸に洞窟があります。この２つの岩屋は一之行場に相応しく、洞口では般若心経を唱えてから入洞します。中は役行者が修行したと伝えられる空間

五代松鍾乳洞の床の間の柱（左）と、鶯の大鍾乳石（右）

面不動鍾乳洞入口の
洞窟口へ上るモノ
レール

や龍泉寺へつながると伝えられる湧き水があります。洞内の岩盤一面に水滴がつき、懐中電灯の光にキラキラと幻想的な空間を作り出しています。また、不動の廻り石、潜り洞、蟻の塔渡りなど、大峰山裏行場に似せた奇岩があり、修行の雰囲気を体感することができます。

　岩屋への降り口を過ぎてさらに進むと名水百選にも選ばれた「ごろごろ水」の湧水所があり、そこが五代松鍾乳洞への登り口となっています。鍾乳洞入口まではかなり急な細い山道を10分ほど歩かなければいけませんが、今はモノレール（定員5

名：300円）も利用できます。入口の案内係りの方の自虐的な解説を聞きながら洞内に入ると、細く長い急な登坂をあがったところに素晴らしい鍾乳石群が見られます。石柱や石筍のほか、鶴や鷲の姿に見えるもの、観音や菩薩に見えるもの、花畑や藤棚に見えるものなど、さまざまな形が楽しめて、自然の造形美に目を見張るものがあります。

公共交通：近鉄吉野線下市口駅から奈良交通バスで約1時間、終点洞川温泉下車。
車：京奈和自動車道五條北ICから国道370号、309号を経由して車で約1時間（駐車場あり）。
蟷螂の岩屋（蝙蝠の岩屋を含む）料金：大人300円／営業時間：9:00〜17:00／冬季休業
五代松鍾乳洞　料金：大人400円、小人200円／営業時間：9:30〜15:50／水曜定休（冬季休業）
面不動鍾乳洞　料金：大人400円、小人200円／営業時間：9:00〜17:00／不定休
問い合わせ：洞川温泉観光協会 Tel.0747-64-0333

＜立ち寄りスポット＞
＊大峰山、稲村ヶ岳（天川村）
　「ごろごろ水」をすぎると大峰山の登山口へと向かいます。大峰山は今も女人結界を引き継ぐ修験道の行場となっています。
　大峰山（山上ヶ岳1,719m）の向かいには稲村ヶ岳（1,726m）がそびえ、こちらを訪れる登山客も多くいます。　　　　（太田）

和歌山 16

小原洞窟　<鉱山洞>

かつらぎ町花園

　江戸時代中期、花園村には高野山のお寺がたくさんあり、修行の場であったそうですが、ある時海順和尚という方が金鉱を発見して洞窟が掘られることになったそうです。この洞窟では銅などが採掘され、昭和40年（1965）ごろまで続いていたそうです。

　平成になって、この廃坑跡を地域活性化に使おうとして整備されたのが、小原洞窟恐竜ランドです。

　旧花園村（現かつらぎ町花園）は高野山の麓にあるたいへん

小原洞窟の入口

山深い地ですが、平成17年（2005）に花園美里トンネル（延長約2km）が開通して、たいへん近くなりました。小原洞窟は花園支所付近から恐竜ランドの案内に沿って谷筋の道へと入っていきます。約4km入ると突然目前が開けて実物大の巨大な恐竜が出迎え

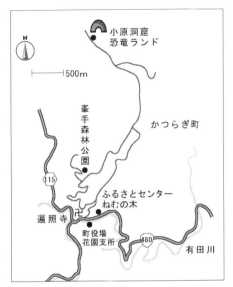

てくれました。恐竜ランドの名前のとおり、洞窟の内外でとてもリアルな恐竜の模型が配置され、ワクワク感を高めてくれています。

　洞窟内は３層のラビリンスになっていて、複雑な坑内には恐竜のジオラマや蛍光鉱物の展示などスリリングでありながらも興味深い施設があり、スタンプラリーを楽しみながら見学できるようになっています。

　この洞窟のある一帯は有田川の右岸に位置する山中にあって、白亜紀の日高川帯に属しています。

　かつらぎ町花園支所から小原洞窟にかけての周辺は花園トレッキングコースが設定されています。標高400mから900mを超える場所まであり、高山植物も楽しめますし、運が良ければ野生動物に出会えるかもしれません。

洞内のいたるところに恐竜世界のジオラマ

公共交通：JR和歌山線笠田駅下車、車で約40分。

車：京奈和自動車道紀北かつらぎICから車で約40分（駐車場あり）。

料金：大人800円、小人500円／営業時間：9:00～16:00（夏季8:00～18:00）／3月～9月は無休、10月～2月は木曜定休／問い合わせ：小原洞窟恐竜ランド Tel.0737-26-0836

＜立ち寄りスポット＞

＊遍照寺（かつらぎ町花園梁瀬）

　花園支所近くの遍照寺では御田の舞が伝えられています。平安時代中期から伝わる伝統芸能で、国の重要無形民俗文化財に指定されています。

（太田）

和歌山 17

戸津井鍾乳洞 ＜鍾乳洞＞

由良町戸津井

　大正から昭和初期にかけて石灰岩採石場として利用されていたこの地は、当時から鍾乳石が確認されていました。戦後、採石場は閉鎖され、鍾乳石は地下に眠ることになりましたが、昭和55年（1980）ごろから鍾乳洞として見学ができるように開発され、平成元年（1989）にオープンしました。

　戸津井鍾乳洞は戸津井の漁業集落から山の方へ入っていきますが鍾乳洞入口まで車で入っていけるものの車一台が通行するのがやっとの道幅で、途中対向車が来ると大変です。

　鍾乳洞は砦風の入口をくぐり、階段を下っていきます。石柱

戸津井鍾乳洞の入口

小ぶりながらも興味深い奇岩がいっぱい

の間を過ぎると体をよじらせながら岩間をくぐって針天井の間へといきます。そこには天井から星が降ってくるような美しい鍾乳石が見られます。そのほか、一番奥には昇り龍や飛燕と名付けられた鍾乳石があり、延長は100mと短いもののたいへん見応えがあり、家族で楽しく見学できます。

鍾乳洞入口の前には10台分ほどの駐車スペースがありますが、そこから戸津井漁港が一望できます。集落は小さな湾に数十軒の家屋が密集する典型的な漁村集落で、すぐ沖合いに十九島(つるしま)があって大波を防いでいるため天然の良港となっています。今では漁港道路が整備され集落までは楽に入っていけるようになりました。

この鍾乳洞はペルム紀(約2億5000万年前)の石灰岩でできた洞穴です。近くには白崎と呼ばれる石灰岩でできた岬があります。かつては採石

洞内地図(洞内の掲示板より作成)

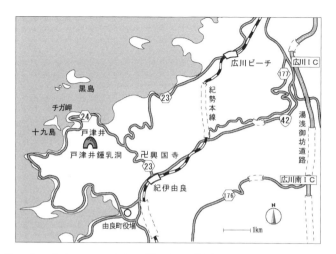

場であったところですが、道の駅が設置され、スキューバダイビングの基地ともなっています。

公共交通：JR紀勢本線紀伊由良駅下車、中紀バスで約10分戸津井下車、バス停から徒歩10分。
車：阪和自動車道広川ICから車で20分（駐車場あり）。
料金：大人200円、小人100円／営業時間：9:00〜17:00（土日祝のみの営業、ただし、春夏冬休み期間中は年末年始をのぞき毎日営業）／Tel.0738-66-0406

＜立ち寄りスポット＞

＊興国寺（由良町門前801）

　覚心（法燈国師）によって開山された禅宗の寺院です。尺八の本山、金山寺味噌や醤油の我が国発祥の地としても有名です。
（太田）

和歌山 18

円月島 ＜海食洞＞

白浜町宮前

　正式名称は「高嶋」といいますが、この地を訪れた津田香巌（漢詩人）がその姿を見て「円月島」と命名したことから一般に親しまれるようになり今日に至っています。白浜を代表する観光スポットの１つで、円月島の中央に空いた穴から見る水平線に沈む夕日の姿は格別のものがあり、「和歌山県の朝日・夕陽100選」にも選ばれています。

　南北130m、東西35m、高さ26mの臨海浦海上に浮かぶふたこぶラクダのような形をした小島です。島の中央部分には海食

円月島

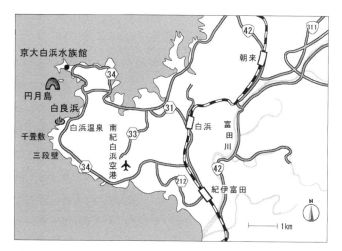

洞と呼ばれる波の侵食によってできた高さ9m、幅8mの穴があいています。

　円月島をつくっている地層は田辺層群白浜累層といわれる堆積岩で、今から1500万年〜1600万年前の新第三紀中新世に堆積した地層です。地層の堆積構造は海岸周辺の崖を見るとわかります。この地層は主にれき岩からできており、もろくて波の侵食を受けやすいため円月島の形ができあがりました。岩石がもろいために近年では平成17年（2005）と平成20年の2度にわたって円月島では崩落がありました。このまま侵食が進んでいけば中央部分が崩落して2つの別々の島になる可能性もあります。そのため、現在崩落を防ぐための工事が行われているだけでなく、陸地から島に近づくことも禁止されています。

公共交通：JR紀勢本線白浜駅下車、明光バスで20分臨海下車すぐ。

車:阪和自動車道南紀田辺ICから車で約15分(有料駐車場あり)。
問い合わせ:白浜観光協会 Tel.0739-43-5511

＜立ち寄りスポット＞
＊白良浜
　和歌山を代表する海水浴場で、煌めくような白い砂のビーチが有名です。砂浜の砂は石英砂と珪石でできた砂岩が風化してできたものです。古くは平安時代の寂念法師が砂の色が「雪のように白い」と感銘したことから「雪の色に同じ白良の浜千鳥声さへさゆるあけぼのの空」と詠われています。
　円月島からは歩いて25分あまりです。円月島の姿や白浜の海岸線を眺めながら歩いていくのもいいかもしれません。
＊南方熊楠記念館と京都大学白浜水族館
　円月島のすぐそばの番所崎の頂と麓にある施設です。南方熊楠記念館は和歌山県が生んだ世界的な粘菌研究者として有名な南方熊楠の業績を展示した博物館です。記念館屋上から見る白浜一帯の眺望は見事です。京都大学水族館では白浜周辺に生息する魚や無脊椎動物の展示を見ることができます。
【南方熊楠記念館】入場料:大人400円、小人200円／開館時間:9:00～17:00／木曜定休(その他設定あり)
【京都大学白浜水族館】入場料:大人600円、小人200円／開館時間:9:00～17:00／年中無休
(芝川)

和歌山　19

三段壁洞窟　＜海食洞＞

白浜町三段

　三段壁は白浜町を代表する観光スポットです。海に突き出た展望広場から見下ろすと高さ60mと言われる海食崖が屏風のように連なっています。洞窟はその下にありますが、展望広場からは望めません。古くは平安時代、熊野水軍の舟隠し場所として活用されたといわれています。

　県道白浜温泉線沿いにある三段壁入口の駐車場から茶店の前を通って100mほど行くと、海に開けた展望広場にでます。展望広場から望む海岸線の絶壁は圧巻ですが、自殺の名所といわ

展望広場から見た三段壁（左下に洞窟の口）

洞内に波が打ち寄せている　　　　洞内天井に見られる漣痕

れるだけあって、傍らには「いのちの電話」への案内板が設置されています。木々に囲まれた小道を抜けると層状の砂岩が直に地形になっている岬へとでます。海側では岩の亀裂が広がっていてロープが張られているため近寄ることはできませんが、見ているだけでスリルを感じます。

　三段壁洞窟へは展望広場に隣接する休憩施設が入口となっています。エレベーターで36m下るとそこが海食洞窟となっていて、波の押し寄せる音が激しく響きわたっていました。

　洞窟の中では打ち寄せる波を見学するように遊歩道が続いています。また、大辯才天が祀られているほか、熊野水軍の番所小屋が再現されたスペースなどが見学できます。海食洞窟の天井を見上げると漣痕（波の跡）が見られ、自然の壮大さを感じます。

　三段壁洞窟の解説によると周辺の地質は堆積岩の中に火成岩の貫入が見られるということですが、古くは周辺地域では瀬戸鉛山鉱山と呼ばれる鉱山があり数十か所にも及ぶ竪坑が掘られ、鉄砲伝来以降の鉛の需要増に伴って、この鉱山でも銅や亜

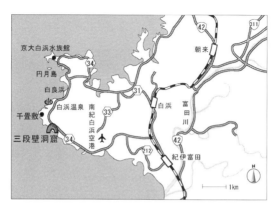

鉛の採掘が盛んであったということです。三段壁洞窟の中でも鉱山の様子を再現した展示がされていました。

公共交通：JR紀勢本線白浜駅下車、明光バス三段壁行きで25分、終点下車。
車：阪和自動車道南紀田辺ICから車で30分（駐車場あり）。
料金：大人1300円、小人（5歳～小学生）650円／営業時間：8:00～17:00／不定休（12月に洞内点検のため臨時休館あり）／Tel.0739-42-4495

＜立ち寄りスポット＞
＊**千畳敷**　三段壁のすぐ近くにあり、層状の砂岩が隆起したことによる海食崖が見られます。
＊**白浜温泉**　日本最古湯の1つとされる温泉で、昔は牟婁の湯と呼ばれていました。公衆浴場もいくつかあり、海岸沿いの露天風呂で太古の風情を味わえるところもあります。　　（太田）

和歌山　20

忘帰洞　<海食洞>

那智勝浦町勝浦

　この洞窟は狼煙半島全体を敷地とするホテル浦島内にあり、太平洋に面した海の波によって侵食されてできた海食洞でこの洞窟内に温泉が湧きだしています。名前の由来は、紀州徳川家15代当主である徳川頼倫が訪れ「帰ることを忘れるほどいい」といったことからこの名前が付けられました。8代将軍吉宗も絶賛しました。また玄武洞と呼ばれる海食洞もあります。

　忘帰洞は天井の高い大きな洞内で温泉が湧き出て、湯につかると目の前には太平洋が広がる雄大な景色を眺めることができます。この他にもこの半島には多くの温泉の泉源があります。

洞内は温泉になっている（ホテル浦島HPより）

港から送迎船でホテル浦島へ。正面と山上の建物がホテル

　串本町から勝浦にかけての海岸は奇岩怪石が続く荒船海岸です。表面はごつごつしていますが全体には平坦な板状の地形が海岸に広がっています。このような地形は海食台と呼ばれ、地震の時に隆起をしたかつての海底面です。この海食台の陸側は崖になっていて海食崖といいますが、この崖が波などで侵食されて洞窟ができたものを海食洞といいます。ここの狼煙半島の海岸にはこのような海食洞が多くみられます。

　この付近の海岸の表面の石を見てみると黒っぽいものがほとんどです。これは泥岩と呼ばれる石で、この地方で採れる有名な那智黒と同じ石です。また少し白っぽいほうの石は砂岩です。この2つの泥岩と砂岩が互層になって地層を作っています。約1500万年前に海底に堆積してできたものです。

公共交通：JR紀勢本線那智勝浦駅下車、徒歩5分で送迎船乗り場。

車：国道42号で勝浦まで行き専用駐車場に止め、専用駐車場から送迎バスで送迎船乗り場へ。

料金：1泊2食9180円〜／問い合わせ：ホテル浦島（那智勝浦町勝浦1165-2）Tel.0735-52-1011

＜立ち寄りスポット＞

＊那智の滝

　日本三大瀑布の1つで、落差133mは日本一、熊野那智大社のご神体でもあります。そばには「西国33番札所」の第1番札所、青岸渡寺があります。「恵みの水88」の第1番名水。(香川)

滋賀 21

西野放水路 <人工洞>

長浜市高月町

　琵琶湖湖畔に面する西野村は大雨のたびに余呉川の洪水の被害で苦しんできた地域でした。江戸時代、この村の僧、恵荘(えしょう)が洪水時に余呉川の水を琵琶湖に放水することを発案し、村人とともに全長約220mの水路を掘ったのが、この西野放水路です。

　この江戸時代に作られた水路を今も実際に通ることができます。ただし、当時そのままの姿ですので、幅は人が1人通れるぐらいしかなく、高さも大人は頭をかがめないと通れません。気を付けないと頭を天井で打ちますし、足首あたりまで水がたまっており、照明がなく真っ暗闇で、コウモリも飛んでいますので、歩き進んでいくには少々勇気がいります。ヘルメット、長靴、懐中電灯は絶対に必要です（一応、駐車場に3点セットが何組か置いてあります）。

　中に入られたら、足元に気がとられますが、ぜひ壁を懐中電灯で照らしてみてください。ノミの跡が残っています。また、中はまっすぐではなく、何度も固い岩盤に当たったのでしょうか、くねくねと曲がっています。まさに人の手で掘り進められたトンネルであることが、よ

西野放水路入口

湖畔側出口

くわかります。

現在はこの放水路は使われておらず、コンクリート製の第2西野放水路がその隣にありますので、帰り道はそちらを通ることができます（現在放水路として使われているのは第3西野放水路で、こちらは歩くことはできません）。

公共交通：JR北陸本線高月駅下車、車で10分（バスはなし）。
車：北陸自動車道木之本ICから車で10分（駐車場あり）。
問い合わせ：奥びわ湖観光協会 Tel.0749-82-5909

＜立ち寄りスポット＞
*余呉湖

西野放水路から10kmほど北に余呉湖があります。羽衣伝説の柳の木があり、冬には雪景色やワカサギ釣りのスポットとして有名な湖です。この付近に柳ヶ瀬断層と呼ばれる大断層が南北に走っています。

(是恒)

滋賀　22

河内風穴 <鍾乳洞>

多賀町宮前

　大正11年（1922）に観光洞として開業したこの鍾乳洞は、滋賀県の北東部にある霊仙山（1094m）の南西に広がる石灰岩の侵食地形（カルスト）の中にあります。入口は写真のように狭く（高さが1mくらい）少しかがんだようにして入ることになります。入るとすぐに下がる階段があり下に行くとやがて大きな空間が広がってきます。枝道が多く複雑な構造で、総面積が1544m^{2}あるといわれています。迷い込んだ犬が三重県側にある洞窟から出てきたという言い伝えもあるくらいです。全体が3層構造になっていて、入口から入ると1層目と2層目が見学でき約200mの奥まで行くことができます。照明があり道もコンクリートで歩きやすく整備されていますが、場所によっては横の手すりや岩壁に手をつきながら歩くようなところもあり、探検気分が味わえます。

　奥まで行くとまた同じ道を戻ってきますので、見逃したところは再度詳しく見学することができます。関西では一番大きな鍾乳洞で、鍾乳石などもところどころに見られます。

　洞内の気温は年間通じて

河内風穴の入口

◀洞内は歩きやすいように道が整備されている

▼洞内地図（洞内の掲示板より作成）

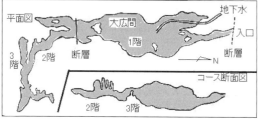

約13℃で、夏は涼しく、冬は暖かい環境です。

　この鍾乳洞がある霊仙山は約２億年前の石灰岩が広く分布しています。この石灰岩には三葉虫、フズリナ、サンゴ、ウミユリなどの当時の海底に生活していた生物の化石が多く含まれています。この石灰岩はかつて赤道近くの熱帯の海で作られたサンゴ礁です。太平洋プレートにのって現在の日本付近の元になるユーラシア大陸東岸の海底にまでやってきて、大陸の川などから運ばれてきた土砂と一緒になって堆積岩となりました。その後の日本列島形成の過程で石灰岩の山となったものです。

公共交通：JR琵琶湖線彦根駅下車、車で20分。
車：名神高速道路彦根ICから車で20分（駐車場あり）。
料金：大人500円、小人（５歳〜小学生）400円／営業時間：

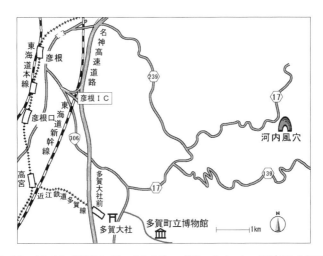

9:00～16:00（夏季8:00～18:00）／問い合わせ：河内風穴観光協会 Tel.0749-48-0552

＜立ち寄りスポット＞

＊**多賀町立博物館**（多賀町大字四手976-2　あけぼのパーク多賀内）

　この付近の岩石や化石については多賀町の博物館に立ち寄るといいでしょう。

　常設展示は①多賀の自然、②多賀の四季、③化石で見る生き物の歴史、④鈴鹿山脈の地質と河内風穴、⑤丘陵の地層と化石、⑥芹川の化石、⑦多賀の人々の歴史で分類されわかりやすく展示されています。河内風穴に行く前にぜひ立ち寄られるとよいでしょう。

（柴山）

滋賀 23

石山寺くぐり岩 ＜石灰洞＞

大津市石山

　石山寺は、天然記念物に指定されている大きな珪灰石の上に建立されたことからその名があります。また当寺は、『蜻蛉日記』『更級日記』『枕草子』などの文学作品にも登場し、『源氏物語』の作者である紫式部が石山寺に参籠した折に、源氏物語の構想を得たと伝えられています。

　石山寺の東大門をくぐると、まっすぐな参道があります。花の寺といわれるように、両側に桜やつつじなどが植えられています。参道を進んだ先で拝観料を志納し、境内に入ります。すぐ右手に池があり、その奥に洞窟があります。この洞窟も珪灰

中央の黒い部分が入口（下の3つは水面）

くぐり岩をくぐる様子

石からなっており、侵食によってできたものとされています。立て札には「くぐり岩」とあり、「あたりの岩は全部大理石である 奇岩怪石の幽邃の境中 天然自然に体内くぐり状態をなすこの池は天平時代のものである」と記されています。洞窟は短いですが、途中しゃがまなければならないほど、天井が低くなっているところもあります。洞窟をぐるっと回って出口からでると、ちょうど手水舎につながっています。また、この洞窟は縁起が良いとされており、くぐり抜けるといいことがあるようです。

公共交通：JR東海道線石山駅下車、京阪石山坂本線に乗り換え石山寺駅下車、徒歩で10分。
車：名神高速道路瀬田西ICから車で10分、または京滋バイパス石山ICから車で10分（有料駐車場あり）。

入山料：一般・中高生600円、小学生250円／拝観時間：8:00〜16:30（入山は16:00まで）／問い合わせ：石山寺 Tel.077-537-0013

＜立ち寄りスポット＞

＊瀬田の唐橋（大津市唐橋町瀬田1丁目）

　京阪電車唐橋前駅から東100m のところで、琵琶湖から唯一流れ出る瀬田川に唐橋がかかっています。唐橋の歴史は古く、何度も合戦の舞台となり、「瀬田橋を制する者は天下を制する」とまで言われました。近江八景の日暮れ前の「瀬田の夕照」は有名です。瀬田川はボートやカヌーなどの練習が行われていて、夕日の中、唐橋をくぐっているさまは長閑です。

(榎木・富田)

三重　24

半田の洞窟（磨洞温泉）　＜人工洞＞

津市半田

　半田地区は江戸時代に半田砂として知られた磨き砂の産地でした。石鹸などの洗剤がない時代には、ここの磨き砂が家庭で使われていました。

　また機械などの研磨材としても大量に採掘され、洞窟の延長は20kmにも及び、深さも地下4階までも掘り進んでいました。戦時中は軍の地下工場としても利用されたりしました。このように半田付近一帯の丘陵地ではこの磨き砂を採掘するために洞窟がたくさん掘られました。しかし現在ではほとんど残っていません。一般に入ることができる洞窟としては磨洞温泉の旅館涼風荘内にある洞窟レストランで、奥行250mほどです。

　洞内は通路のほかいくつかの部屋などに分かれていて、各所にテーブルが配置されて200名がバーベキューなどの食事ができるレストランになっています。洞窟の壁面は採掘した状態のままにしてあるため、凝灰岩の地層が観察できます。

　この砂は阿漕火山灰と呼ばれる凝灰岩層で、今から約460万年前の火山噴火の時に降った火山灰ですが、どこの火山活動かはわかっていません。

洞窟レストランの入口

洞内はいくつもの部屋に分かれている　この中でバーベキューができる

公共交通：近鉄名古屋線津新町駅下車、車で10分。

車：伊勢自動車道久居ICから車で10分（駐車場あり）。

料金：1泊2食8500円～／問い合わせ：涼風荘（津市半田2860-1）　Tel.059-228-8413

＜立ち寄りスポット＞

＊三重県総合博物館（MieMu：みえむ）

　津市一身田上津部田3060　Tel.059-228-2283

平成26年（2014）4月19日にオープンした博物館です。これまであった三重県立博物館が閉館し新しく津市に建てられたものです。三重県の大地の成り立ちなど地学分野の展示も充実しています。　　　　（香川）

三重　25

鷲嶺の水穴 ＜鍾乳洞＞

伊勢市矢持町

　鷲嶺の水穴は三重県の天然記念物に指定されており、付近一帯に多く存在する鍾乳洞の1つです。伊勢神宮外宮からほぼ南に8kmほどの山中にあります。昔、世義寺の僧侶がこの洞窟に入り修行したと伝えられています。

　洞窟へ向かうには、県道720号線のバス停下村付近より登山道へ向かう道へ入ります。舗装道路が約600m続き、その終点には若干の駐車スペースがあります。その場所から丸太で架けられた小さな橋を渡り、山道を30分ほど歩くと洞窟へたどり着

鷲嶺の水穴の入口

洞内はコウモリのすみかにもなっているようだ

きます。途中たくさんの立札があるので道に迷うことはありませんが、沢を2度渡ったあとの最後の斜面がとても急なので上るのに苦労するかもしれません。

　急斜面を上っていくとやがて注連縄とぽっかりと口を開けた洞窟が見えてきます。その神聖な雰囲気とここまで登ってきた疲れから、しばらく腰を下ろして気持ちを落ち着かせることになると思います。洞窟内より流れ出る湧水も気持ちを和ませてくれます。

洞内入口付近地図

　洞窟の入口は、高さ約2m幅約3mの半円型となっており奥へ行くほど狭くなります。5mほど中へ進むとそれよ

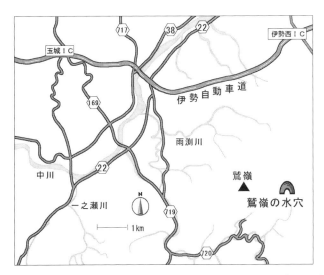

り奥はしゃがんで進まないといけません。水の流れる音と、ときおりコウモリの羽ばたく音が聞こえます。

　洞窟の奥行きは300m以上あるようですが、もちろん本格的な入洞の際には事前の届け出とそれなりの装備が必要になります。神聖化されている場所ですので、決して周囲の自然環境を荒らしたりせずに厳かな気持ちをもって訪れていただきたいと願います。

　この鍾乳洞がある付近の地質は秩父層群と呼ばれており、今から約2億年前の古生代後半から中生代前半に形成されました。主に砂岩・チャート・石灰岩の地層からなります。今から約300万年前から約100万年前にかけて、レンズ状に挟まった石灰岩層が地下水に侵食されて洞窟ができました。江戸時代以降現在まで複数の洞内調査が行われており、内部には多くの支洞や石筍・鍾乳石跡が確認されています。また洞内の湧水量も豊

富であり、水中を潜って進まないといけない場所もあります。

公共交通：JR・近鉄伊勢市駅より三重交通・沼木バスを乗継ぎ下村で下車、徒歩40分（沼木バスは運行本数が少ないので注意）。
車：伊勢自動車道玉城ICから車で30分（駐車場あり）。
問い合わせ：伊勢市観光企画課 Tel.0596-21-5565／伊勢市教育委員会（文化振興課） Tel.0596-22-7884

＜立ち寄りスポット＞
＊鷲嶺

　ふもとの集落から北に見える山が鷲嶺（548m）です。鷲が羽を広げたような形に見えることからそのような名前が付いています。鷲嶺への登山道は、水穴へ向かう山道と同じ起点になっていますので、あわせて訪れることができます。山頂近くには「鷲嶺観音」があります。この観音は壇ノ浦に向かって祀られており、平家の冥福を祈っていると伝えられています。

　また鷲嶺の水穴の近くには、次項で紹介しています鍾乳洞「覆盆子洞」もありますので、そちらもあわせて訪れてみてはいかがでしょうか。
（遠藤）

覆盆子洞 <鍾乳洞>
ふぼんじどう

伊勢市矢持町

　三重県の天然記念物に指定されている覆盆子洞は伊勢神宮内宮から南南西に約5kmの山中にあります。古い書物には「いちごどう」と紹介されており、現在も一部の案内板にはそのようにフリガナがつけられています。この地には平家落人伝説が残り、源氏の追手が攻めてきたときには女子供をこの洞窟に入らせ入口を石で隠したと言われています。

　洞窟へ向かうには、県道720号線のバス停「菖蒲」より谷沿いの道路を約1.7km進みます。舗装道路の終点は広場のようになっており乗用車はそこまで進むことが可能ですが、道幅が狭く急傾斜や落石などに十分注意する必要があります。広場には案内板があり、そこより山道を5分ほど上ると覆盆子洞にたどり着きます。

　覆盆子洞の立札より向かって左に洞窟入口があります。高さ約1m幅約0.5mの長方形の形をしており、洞内よりとても涼しく気持ちの良い風が吹き出してきます。入ってすぐの場所に源氏の追手

覆盆子洞の入口

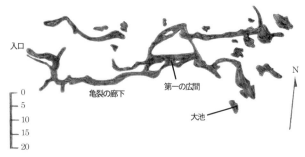

洞内地図（案内板より作成）

から洞窟の入口を隠したという門座石があります。立札より向かって右側入口からは湧水が流れ出ていますが、とても狭く人の出入りは困難と思われます。なお入洞には事前に届け出が必要です。

　洞内は奥行き約120m幅約30m程度あり、全長は200m以上あるといわれています。内部には複数の広間や池や滝が存在しますが、這いつくばって進まないといけない場所もあります。

　この鍾乳洞がある付近の地質は秩父層群と呼ばれており、今から約2億年前の古生代後半から中生代前半に形成されました。主に砂岩・チャート・石灰岩の地層からなります。今から約200万年前頃の鮮新世後期から更新世前期頃にかけて、レンズ状に挟まった石灰岩層が地下水に侵食されて洞窟ができました。洞窟内の水量は比較的豊富であり、壮年期の洞窟と考えられてい

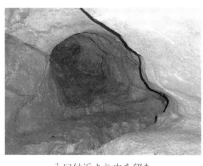

入口付近より中を望む

ます。石灰岩中には紡錘虫の化石が多くみられ、沢にはきれいなレッドチャートの転石がみられます。

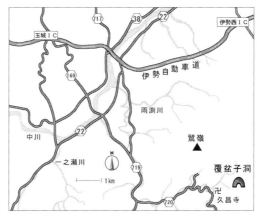

公共交通：JR・近鉄伊勢市駅より三重交通・沼木バスを乗継ぎ菖蒲で下車、徒歩40分（沼木バスは運行本数が少ないので注意）。
車：伊勢自動車道玉城ICから車で30分（駐車場あり）。
注意事項：鍾乳石、石や動植物を採集しないこと。
問い合わせ：伊勢市観光企画課 Tel.0596-21-5565

＜立ち寄りスポット＞

＊平家の里

覆盆子洞のある矢持町菖蒲には、多くの平家伝説にまつわる場所があります。以下にそのいくつかを紹介します。

久昌寺（きゅうしょうじ）は1190年創建の平家の菩提を弔う曹洞宗の寺院です。石垣は石灰岩にて作られています。

竜ヶ峠の馬落（たつがとうげのうまおとし）としは、源氏の追手を馬ごと谷へ落としたという急峻な場所です。その他にも平家にまつわる地形や岩石が点在しています。

また覆盆子洞の近くには、81頁で紹介しています鍾乳洞「鷲嶺の水穴」もありますので、そちらもあわせて訪れてみてはいかがでしょうか。

（遠藤）

天岩戸（恵利原の水穴） ＜鍾乳洞＞

志摩市磯部町

　天の岩戸伝説。記紀にて伝えられている日本神話の中でもあまりにも有名な、神代における重大事件です。太陽神アマテラスが、粗暴な弟神スサノオの暴挙狼藉を嘆き怒って岩屋に籠り、大岩で入口を閉ざしてしまったために世の中が闇に包まれてしまったのですが、神々の奇策によって岩戸は開かれ、世界は再び光を取り戻すという有名なエピソードです。

　この神話の舞台になった「ここが天の岩戸」と伝えられる場所は、日本に数多く存在していますが、本稿では三重県志摩市にある天の岩戸について述べます。

　天岩戸神社は、皇大神宮（内宮）を擁する神宮の森の中にあり、まさに聖域といった神々しい空気に包まれた静かな原生林に佇んでいます。ですが、駐車場は20台分もあり、公衆トイレも完備されており、内宮から車で20分程の道

天岩戸の入口

のりを車に乗ったまま鳥居をくぐって中腹までたどることができる等、意外にアクセスは良いです。

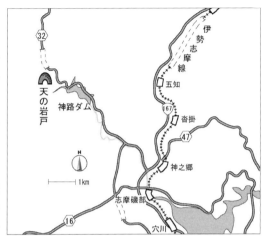

　駐車場から、木立の中の舗装された歩きやすい参道を数百mほど森林浴を楽しみながら進みます。

　神社までの道沿いには石灯籠が立ち、せせらぎには禊を行うと思われる場が点在し、周辺を見渡すと石灰岩の特徴的な白が目につきます。このせせらぎの水源となるのが天岩戸神社にある恵利原の水穴から流れ出る清水です。直径50cmほどの洞窟には注連縄が張られ、その前には鳥居が建てられています。流れ出る水は日本名水百選に選定されており、常温は14℃、pHは7.8、日量31,000tの清冽な水が滾々と湧きだしています。柄杓が置いてあり、飲むことができるようになってはいますが、煮沸して飲む方が無難ということです。周辺が石灰岩の侵食地形（カルスト）ですので、ここも石灰岩洞窟であり、水はしっかりとミネラルの味がしてとても美味しかったです。

　洞窟の奥からは冷気が吹き出し、実に神秘的です。この付近の石灰岩は約2億年前に熱帯の海でサンゴなどが集まってできたものです。その後、プレートにのって日本へ運ばれてきまし

た。案内板によると、この洞窟の奥行きは10km以上あり伊勢神宮に届くとの説もあるそうです。目を凝らしてみましたが、2ｍ程で壁に遮られ、残念ながら奥の様子をうかがうことはできませんでした。太古の昔、太陽神はこの洞窟に神隠れされたのでしょうか。神代の大事件に、しばし思いを馳せてみました。

公共交通：JR伊勢市駅・近鉄宇治山田駅から宿浦・御座港行き三光バス25分、天の岩戸口下車徒歩20分／近鉄志摩磯部駅から伊勢方面行き三交バス10分、天の岩戸口下車徒歩20分。
車：三重県道32号線伊勢磯部線ダム湖終点徒歩20分（駐車場あり、大型車侵入不可）。
料金無料／問い合わせ：志摩市観光協会 Tel.0599-46-0570

＜立ち寄りスポット＞
＊**風穴**（天岩戸神社内）
　恵利原の水穴（天岩戸）から300m程山道を上ったところにあります。距離は短いですがここからは舗装はされておらず全くの山道ですので足元には気をつけてください。
　これも50cm程の大きさの洞窟で石灰岩でできています。注連縄が張られており、あたりはより厳粛な空気に満ちています。風穴の前に立つと穴の中からひんやりとした冷気がゴーッと吹きつけてきます。そして耳を澄ませると奥からはザーザーという水の流れる音も低く聞えてきます。恵利原の水穴へと繋がっているのでしょうか。深山幽谷の幽玄な世界に、自然への畏怖の思いがこみ上げてきます。　　　　　　　　　　（藤原）

関ヶ原鍾乳洞 ＜鍾乳洞＞

関ヶ原町玉

　滋賀県と岐阜県の県境にまたがる岩倉山のふもとにあるこの鍾乳洞は東海地方でも有数の大きさです。入口から出口まで全長518mもの長さがあり、洞内の遊歩道は舗装がされ段差もなく車いすやベビーカーを使っての見学も可能です。

　洞内には、発見されたウミユリの化石を見ることができる場所や洞内最大の2mはある鍾乳石が見られる「玉華殿」、鍾乳石と石筍が長い年月をかけてつながり石柱となった「巨人の足」、天井までの高さが10m余りある「昇竜の間」などさまざまな姿を見ることができます。

　出口付近には、洞内を流れる清流に鱒が飼われています。

　洞内の気温は年間を通して約15℃で、冬は暖かく、夏涼しい環境です。

　関ヶ原鍾乳洞を形成している石灰岩はおよそ2億6000万年前に赤道

関ヶ原鍾乳洞入口

洞内の巨大な鍾乳石

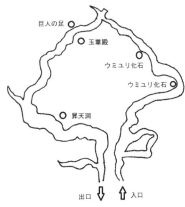

洞内地図（パンフレットより作成）

付近のサンゴ礁でつくられたものと考えられています。その岩石が長い年月をかけて、太平洋プレートの動きとともに北上を続け現在の場所まで移動し、海底でユーラシア大陸から流れ込む土砂と一緒になって堆積岩となりました。その後、日本列島で起きた地殻変動によって地表に現れたものです。

公共交通：JR東海道線関ヶ原駅、タクシーで10分（バスはなし）。
車：名神関ヶ原ICから10分、彦根ICから20分（駐車場あり）。

料金：大人700円、小学生300円、幼児（3歳から）200円／営業時間：9:00～17:00（7～8月は～17:30）／年中無休／問い合わせ：Tel.0584-43-0092

＜立ち寄りスポット＞

＊伊吹山

　標高1377mで日本百名山の1つに選ばれており、冬には日

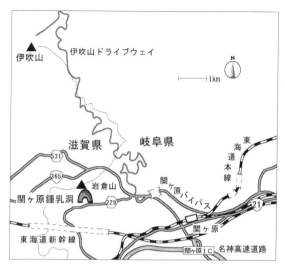

本でも有数の積雪量、夏にはお花畑一面に高山植物が咲き誇る滋賀県と岐阜県の県境にある伊吹山地の主峰です。古くは『日本書紀』に登場し、ヤマトタケルが東征の帰りに伊吹山の神を倒そうとして返り討ちにあったとする神話が書かれており、頂上にはヤマトタケルの像が立っています。およそ2億6000万年前のサンゴ礁からできており、地層からはウミユリやフズリナの化石が見つかっています。頂上付近の石灰岩にもこれらの化石を見つけることができます。

　関ヶ原ICから関ヶ原鍾乳洞に向かう途中に伊吹山ドライブウェイへの分かれ道があり、ドライブウェイ入口からおよそ17kmの雄大なドライブを楽しみながら山頂に着くことができます。

＊玉倉部の清水

　岐阜県名水百選に選ばれた清水で、関ヶ原鍾乳洞入口前にあります。
〔芝川〕

福井 29

旧玉川観音洞窟 ＜海食洞＞

越前町玉川

越前海岸には多くの海食洞があります。海食洞とは海に面した崖（海食崖）が波の力で削られて奥行がある洞穴になったものをいいます。多くはその部分が他の部分より崩れやすいことが原因していて、そこが断層であったり節理面（規則正しい割れ目）であったりします。

越前岬付近には高さ数10mの海食崖が広く分布していて、その崖には10近くの海食洞があります。旧玉川観音洞窟は、標高9mにあり、南西の方向に洞口が開け、入口の高さは約7m、奥行きは50m近くもあります。形や周辺の岩石

入口の様子

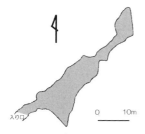

洞窟内の奥行（平面図）

の様子から断層に沿って海水の波の力で侵食されてできたものと思われます。かつて弥生〜古墳時代の遺跡が報告されています。

また、波で削られた洞窟が海水面より9m高いところにあるということは、地震によって土地が9m上昇したことを表しています。

以前ここに祀られていた玉川観音は1989年の落石災害ののちに新玉川トンネルの南側出口に移されました。新玉川トンネルの北の出入り口のそばに廃道になった旧道に入る道があり、そこから南へ徒歩で向かいます。旧洞窟は落盤など起きるかもしれませんので入らない方がいいでしょう。

洞窟を作っている岩石はれき岩、砂岩、泥岩で約1700万年前に河川などによって運ばれてきたものです。れきの種類はほとんどが安山岩です。このほか周辺には凝灰岩や凝灰質砂岩なども分布しています。

公共交通：JR北陸線武生駅下車、福井鉄道バスで1時間15分（本数少ないためタクシーを使うほうがよい）、

新玉川観音洞の入口

水仙ランド入口下車後徒歩。
車：北陸自動車道鯖江ICから車で50分（新玉川観音に駐車場あり）。
料金無料（新玉川観音はろうそく・線香代100円）／年中無休／問い合わせ：越前町商工観光課 Tel.0778-34-8720

＜立ち寄りスポット＞
＊越前町自然文学資料館（越前町血ケ平）Tel.0778-37-2501
　越前岬は白い灯台と水仙ランドが有名です。園内にある自然文学資料館は越前岬や水仙を題材にした文学作品の資料や越前町ゆかりの作家などの紹介をしています。
　11月から翌年5月連休までの間は、清掃協力金として、大人300円、子供150円が必要。5月から10月末まで入園無料。
営業時間：9:00～17:00／木曜休園（11月～翌年3月までの水仙開花期間は無休）　　　　　　　　　　　　　　　　（柴山）

洞窟とは

　地表面から地下に向かって穴ができたものが洞窟ですが、自然にできたもの、あるいは人工的に掘られたものなどいろいろあります。自然にできたものを中心にしましたが、人工的に掘られたもので観光洞などになっているものも加えました。

A. 洞窟の分類
　本書に掲載した近畿地方の洞窟は以下のように分類をしています。
　１．**自然洞**
　　①鍾乳洞（地下水が石灰岩を溶かしてできる。鍾乳石がある）
　　②石灰洞（地下水が石灰岩を溶かしてできる。鍾乳石がない）
　　③海食洞（海の波が岩を砕いて掘り込んでできる）
　　④溶岩洞（火山の溶岩が流れたあとにできる空洞）
　　⑤自然石集合洞（巨石が積み重なった隙間の空洞）
　　⑥その他の自然洞（川や滝の水の侵食でできた空洞）
　２．**人工洞**
　　①鉱山の坑道（鉱石採掘のために掘った地下道）
　　②砕石による坑道（骨材などの砕石のために掘った空間）
　　③水路や交通路のための地下道（水路や昔の手掘りのトンネル）

B. 自然洞の洞窟のでき方

①鍾乳洞

石灰岩の台地の割れ目に雨が入り、割れ目に沿って石灰岩を溶かしていきます。その空間が広くなると洞窟になり鍾乳石や石筍が伴うと鍾乳洞になります。

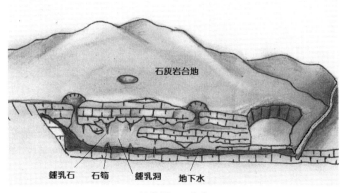

鍾乳洞のでき方

本書では「野島鍾乳洞(兵庫県)」「質志鍾乳洞(京都府)」「不動窟(奈良県)」「洞川洞窟群(奈良県)」「戸津井鍾乳洞(和歌山県)」「河内風穴(滋賀県)」「鷲嶺の水穴(三重県)」「覆盆子洞(三重県)」「天岩戸(三重県)」「関ヶ原鍾乳洞(岐阜県)」がこれに当たります。

②石灰洞

石灰岩が地下水で侵食されると鍾乳洞と同じようにして洞窟ができますが鍾乳石や石筍が形成されていないものは石灰洞といいます。

本書では「石山寺くぐり岩(滋賀県)」がこれに当たります。

③海食洞

海岸の崖に出ている岩に波が当たって岩を崩して掘り込んでできます。

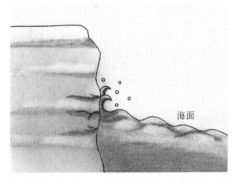

海食崖に波の力が加わる

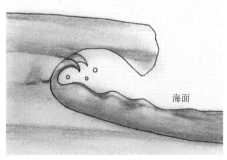

波の力で海食洞ができる

本書では「淀の洞門（兵庫県）」「円月島（和歌山県）」「三段壁洞窟（和歌山県）」「忘帰洞（和歌山県）」「旧玉川観音洞窟（福井県）」がこれに当たります。

④溶岩洞

火山の噴火に伴って流れ出た溶岩で粘性が小さなものは水のように流れ、表面はすぐに冷えて固まりますが中は柔らかいため中だけ溶岩が流れていき、その流れた跡が空洞になります。

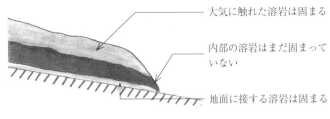

大気に触れた溶岩は固まる

内部の溶岩はまだ固まっていない

地面に接する溶岩は固まる

固まった溶岩に割れ目ができ内部の溶岩が流れ出す

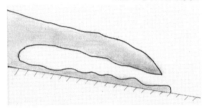

跡に溶岩洞穴ができる

本書では「神鍋風穴・溶岩瘤（兵庫県）」がこれに当たります。

⑤自然石集合洞（岩室）

巨石がいくつも積み重なることによってその隙間を人が通ることができる空間をいいます。

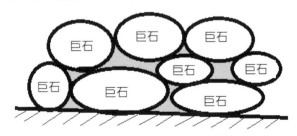

灰色の部分の空間を人が通ることができるようになっている

本書では「磐船神社岩窟めぐり（大阪府）」がこれに当たります。

⑥その他の自然洞

川の水の侵食で河岸が掘りぬかれたり、滝の侵食作用で滝つぼの裏などに洞窟ができたりします。

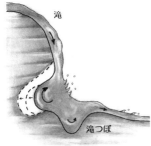
滝つぼの裏側に穴ができる

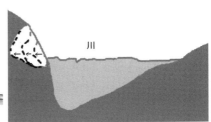
川が曲がる時、外側の崖を掘り込む

本書では「シワガラの滝（兵庫県）」「志染の石室（兵庫県）」がこれに当たります。

C. 人工洞について

①金属鉱山の坑道

近畿地方にはたくさんの鉱山がありました。しかしいずれも昭和の年代で閉山してしまいました。その後、それらの中で坑道を生かして観光洞として復活しているものがあります。

本書では「明延鉱山（兵庫県）」「生野銀山（兵庫県）」「多田銀山（兵庫県）」「小原洞窟（和歌山県）」がこれに当たります。

②砕石によってできた洞窟

バラスや砂などを採集した跡が洞穴になったものがこの洞窟です。

鉱山の坑道

本書では「玄武洞（兵庫県）」「如意ヶ岳花こう岩洞窟（京都府）」「磨洞（三重県）」がこれに当たります。

③水路や交通路のためのトンネル

灌漑や洪水対策などで水路を掘り、その中を歩くことができるようになっているのがこの洞窟です。

本書では「湊川隧道（兵庫県）」「西野放水路（滋賀県）」がこれに当たります。

D. 鍾乳洞の中にできる鍾乳石のいろいろ

石灰岩の岩体があるとその中には鍾乳洞や石灰洞ができていることがあります。大きな鍾乳洞ほど洞内に大きな鍾乳石や、いろいろな形のものがあります。小さな鍾乳洞でも条件が良ければいろいろな鍾乳石ができています。

鍾乳石は最初に天井の一部から石灰分を大量に含んだ水滴がしたたり落ちはじめたところで、石灰分が沈殿して（結晶化）天井に膨らみを作ります。その膨らみから常に水滴が落ちると、ふくらみの先端が次第に石灰分で伸びていきます。この伸びた細いストロー状のもの（図内のA）ができ、その後にその周りに石灰分がまとわりつきはじめてさらに成長していきま

す。これが鍾乳石（B）です。

　鍾乳石の先端からしたたり落ちた水は床に落ち、そこでまた残りの石灰分を結晶させ、床に出っ張りを作り始め、次第に背が高くなっていきます。この床から伸びたものは石筍（C）と呼ばれます。天井からの鍾乳石と、床から伸びた石筍が合わさったものは石柱（D）です。また石灰分を含む地下水が壁に広がって流れると、壁の表面に石灰分が沈着して波打つカーテン状（E）になるものや、壁面に張り付いたようになったものがありフローストン（F）と呼ばれています。そのほか棚田のような水面が階段状にできることもあります。これはリムストーン（G）です。石灰分を含んだ地下水がたまるようなところなどでは球形の石灰分の塊ができることがあります。これはケイブパール（H）といわれています。

(柴山)

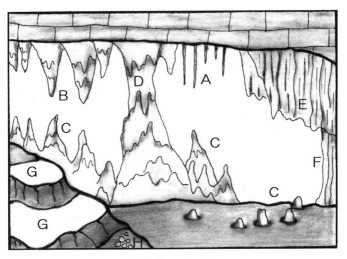

鍾乳石のいろいろ

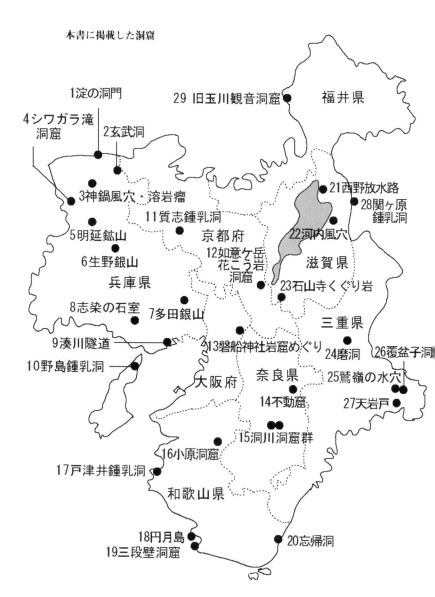
本書に掲載した洞窟

おわりに

　学生時代にケイビングクラブ（洞窟は英語でケイブという）を作り、日本の多くの鍾乳洞にもぐってきました。もぐる洞窟は観光洞ではありません。ヘッドライトの付いたヘルメットをかぶり、つなぎの服を着て、懐中電灯を持ち、ザイルを担いで深黒の洞内に入っていきます。

　中で光を消すと自分の手すら見えなくなる闇になり怖くなってきます。再び光を付けるとホッとします。光がいかに私たちに必要かがよくわかります。そして洞窟の中に進んでいきます。どこまでこの洞窟は続いているのだろうと、縄梯子やザイルを使い、狭い場所では体をよじり体が入る限り奥へ奥へと入っていきます。

　そして未知の空間を見つけた時の喜びはひとしおです。洞窟の中では地表では見ることのできない不思議な景観を見ることができます。鍾乳石や石筍が林立していたり、さまざまな形の石灰質のカーテンがあったり、きれいな地下水が流れ、何層にも洞窟が広がり複雑な迷路になっていたり、不思議な生物がいたりなどその魅力は切りがありません。

　そのようなわけで、多くの人に洞窟の魅力を知っていただきたいと思って本書を作りました。作成にあたりそれぞれの洞窟を管理されている方々の協力を得ました。遠藤敦志さんには図版などの助言をいただきました。香川直子さんには厄介な地図

をきれいに作成していただきました。また、東方出版の北川幸さんには編集作業で大変お世話になりました。これらの方々に改めてお礼申し上げます。

　　　　　　　　　　　　　　　　　　　　　　　柴山元彦

＜編著者＞

柴山元彦（理学博士）
自然環境研究オフィス代表

＜執筆者＞（アイウエオ順）

安部博司	芝川明義
榎木郁子	柴山元彦
遠藤敦志	富田衣久子
太田和良	平岡由次
香川直子	藤原真理
是恒孝子	別府邦子
澤田元子	

＜地図・イラスト作成＞
香川直子

関西地学の旅⑪　洞窟めぐり

2015年5月25日　初版第1刷発行

編著者——自然環境研究オフィス
発行者——稲川博久
発行所——東方出版㈱
　　　　　〒543-0062　大阪市天王寺区逢阪2-3-2
　　　　　TEL06-6779-9571　FAX06-6779-9573
装　幀——森本良成
印刷所——亜細亜印刷㈱

ISBN978-4-86249-244-9　　　乱丁・落丁はおとりかえいたします。

関西地学の旅10　**街道散歩**
自然環境研究オフィス編著　1500円

関西地学の旅9　**天然石探し**
自然環境研究オフィス　1500円

関西地学の旅8　**巨石めぐり**
自然環境研究オフィス編著　1600円

関西地学の旅7　**化石探し**
大阪地域地学研究会　1500円

関西地学の旅4　**湧き水めぐり1**
湧き水サーベイ関西編著　1600円

関西地学の旅5　**湧き水めぐり2**
湧き水サーベイ関西編著　1600円

関西地学の旅6　**湧き水めぐり3**
湧き水サーベイ関西編著　1600円

親と子の自由研究
家の近くにこんな生き物!?
太田和良　1200円

＊表示の値段は消費税を含まない本体価格です。